从零开始玩钩织
29款炫彩蕾丝小物

使用蕾丝钩针0号、6号

钩针3/0、4/0号钩织的可爱饰品

〔日〕小野优子　著

蒋幼幼　译

河南科学技术出版社

·郑州·

序

从小我就非常喜欢手作。

其中，祖母教我的编织物，让我了解到用一根线可以制作成任何物品。

在这种自由和可能性中，我欢欣雀跃，感觉就像掌握了魔法。

如果那样的编织物可以随身佩戴该多好啊！

基于这个想法，我使用一年四季都适用的五彩蕾丝线，

设计了可爱的蕾丝钩织饰品系列，

无论是日常还是特别的日子都可以佩戴。

即使只是锁针，也能变身制作成耳环。

佩戴自己制作的饰品出门，感觉不错哦！

也许创作的乐趣会带给我们与平常不一样的景色。

希望本书能让大家开始享受手作带来的喜悦和乐趣。

小野优子

目录

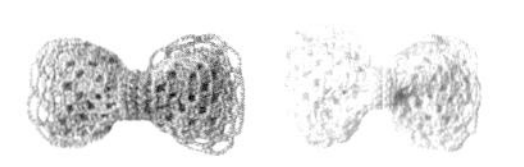

（ ）内是制作方法的页码

制作方法

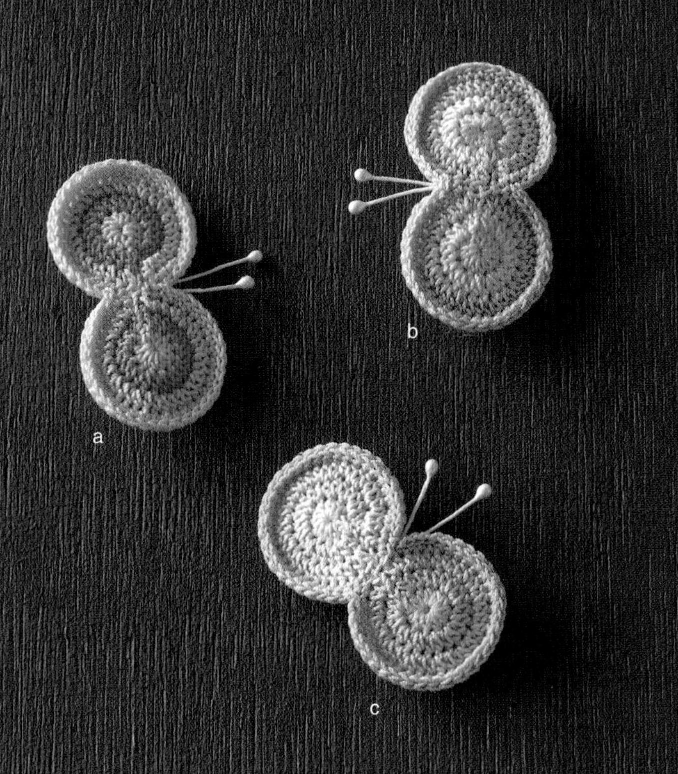

1

蝴蝶胸针

HOW TO MAKE ... P.50

将圆形花片横向缝合当作蝴蝶的翅膀。
每行换色钩织，享受色彩的变化。
钩织二三个一起佩戴，又会是不同的效果。

2

苹果胸针

HOW TO MAKE ... P.51

不会太过甜美的苹果饰品。
将 2 片短针的圆形花片重叠缝合，
制作成有厚度的胸针。

3

蕾丝线果实配饰

HOW TO MAKE … P.52

用基础的小圆球制作的一组饰品。
缝在主体枝条上的小圆球就像果实一样。
因为想要尽可能少处理线头，钩织得可爱一点，
所以枝条是往返钩编一次完成的。

4

蕾丝花片耳环

HOW TO MAKE ... P.53

将大小不同的花片穿到钢丝圈里制作成耳环。
并不一定要缝合，一片花片也很漂亮。

a

5

水滴形耳环

HOW TO MAKE ... P.54

在水滴形金属圈中钩织。

因为是段染线，所以钩织完成后颜色会自然变化。

d、e 稍做变化，钩入了叶子花片。

佩戴时用手整理叶子的形状，会更加漂亮。

e

d

6

马卡龙耳坠

HOW TO MAKE ... P.55

小圆球的变化应用。
在中间进行绣缝后就是小小的马卡龙。

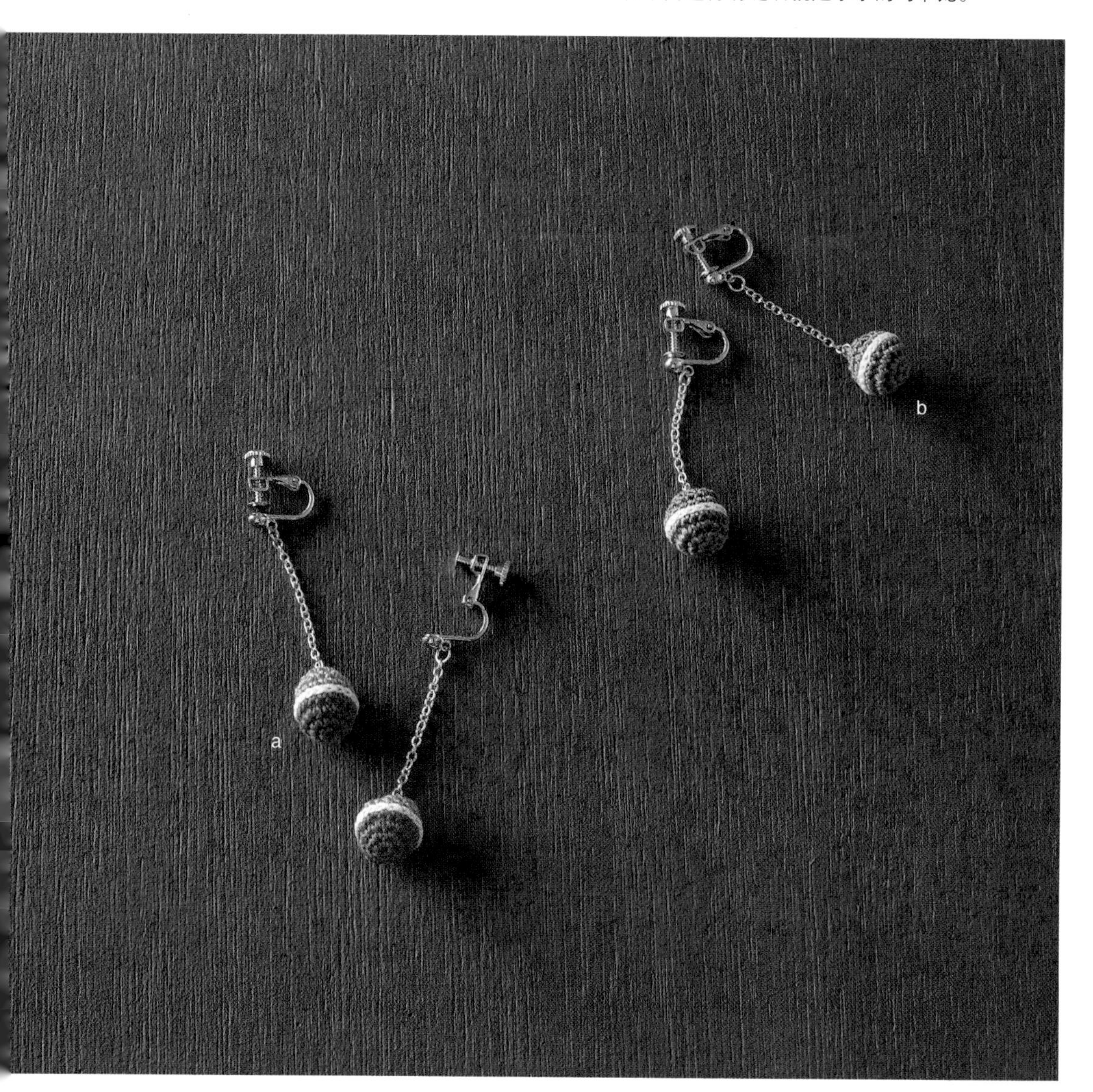

7

果实胸针

HOW TO MAKE ... P.56

将果实缝在金银丝线钩织的叶子花片上，
这是一款立体感很强的胸针。
只要改变线材和钩针的型号，马上就会看到各种不同的效果。
冬天用马海毛钩织也会非常可爱。

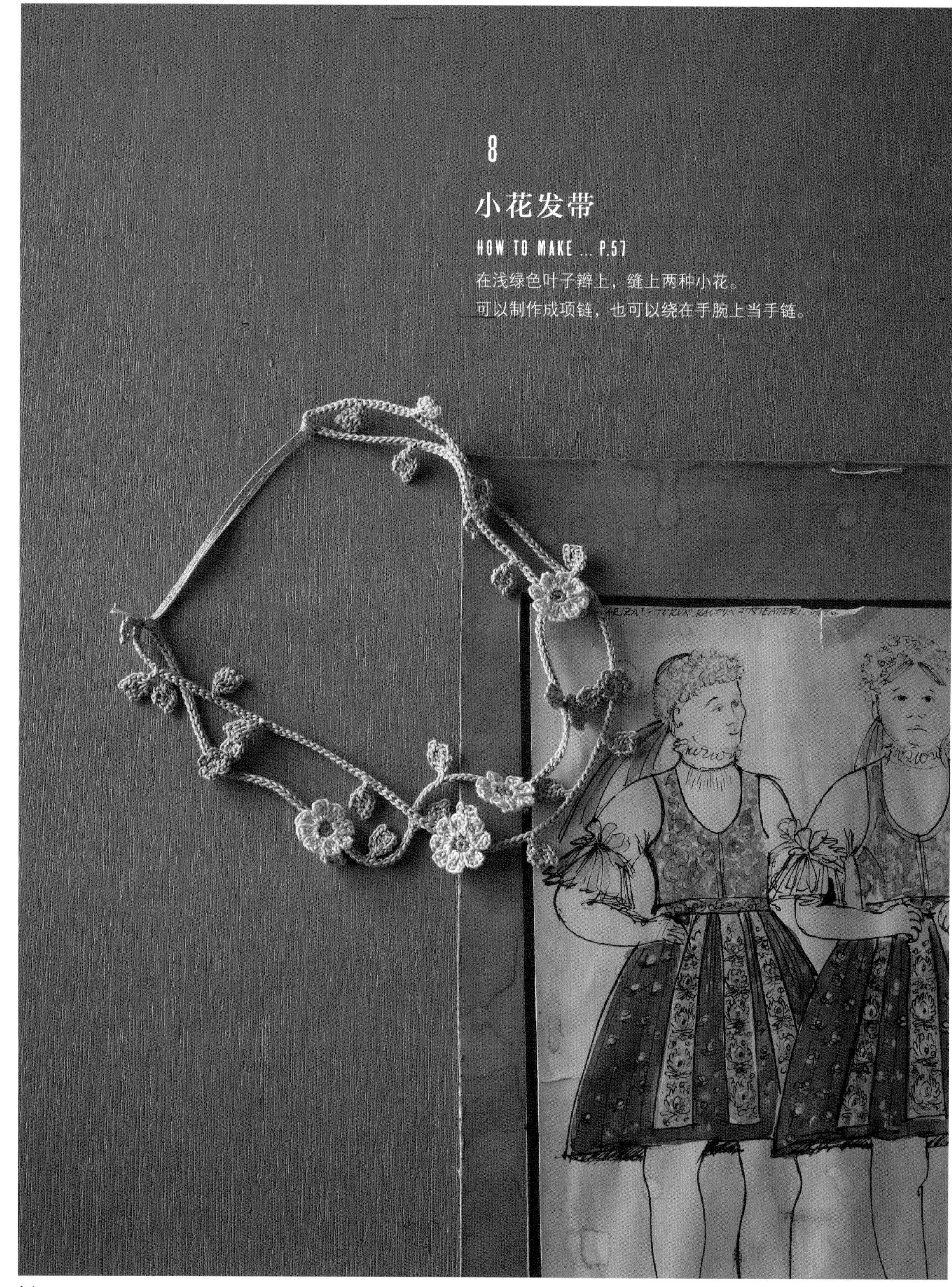

8

小花发带

HOW TO MAKE ... P.57

在浅绿色叶子辫上，缝上两种小花。
可以制作成项链，也可以绕在手腕上当手链。

9

不对称项链

HOW TO MAKE ... P.58

花片是立体钩织的。
不对称排列花片的项链使人印象深刻。
搭配简单的 T 恤、休闲西服等也非常漂亮。

10

简易耳环

HOW TO MAKE … P.59

因为制作起来很简单，所以可以轻松地享受大胆的配色。
推荐初学者钩织。
按 a→b→c 的顺序逐步提高难度。

a 只需钩织锁针。也无需使用缝针，真的很简单。
b 由锁针和短针钩织而成的圆形耳环。
c 一边连接 b 圆环一边继续钩织。

c

b

a

b

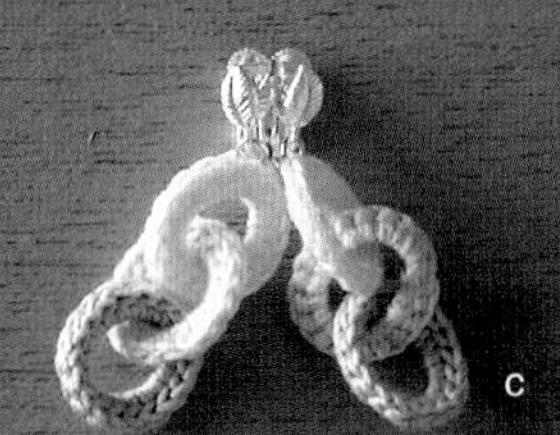
c

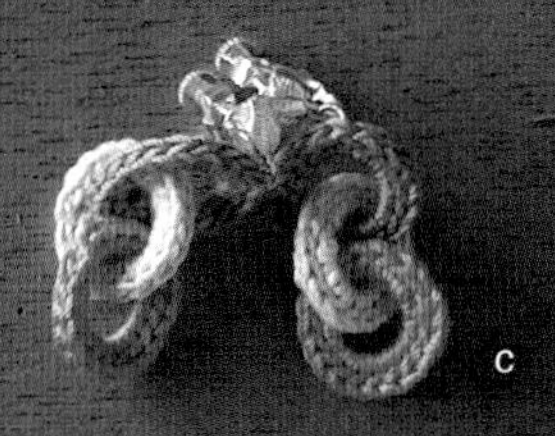
c

b

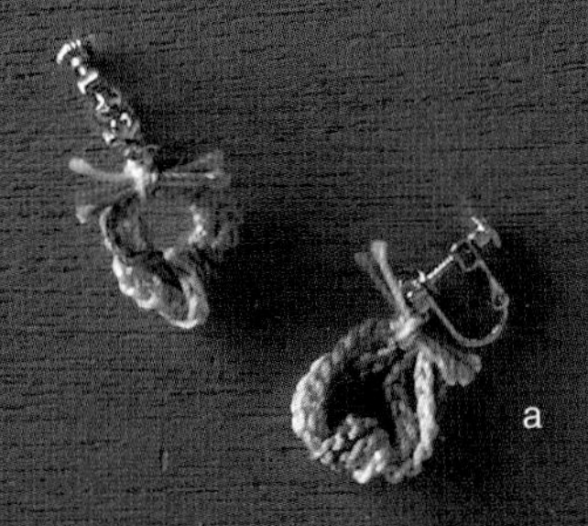
a

11

覆盆子胸针

HOW TO MAKE ... P.60

在红色的线中钩入红色的串珠，看起来就像熟透的覆盆子。
再钩织叶子和小花，栩栩如生的覆盆子就做好了。

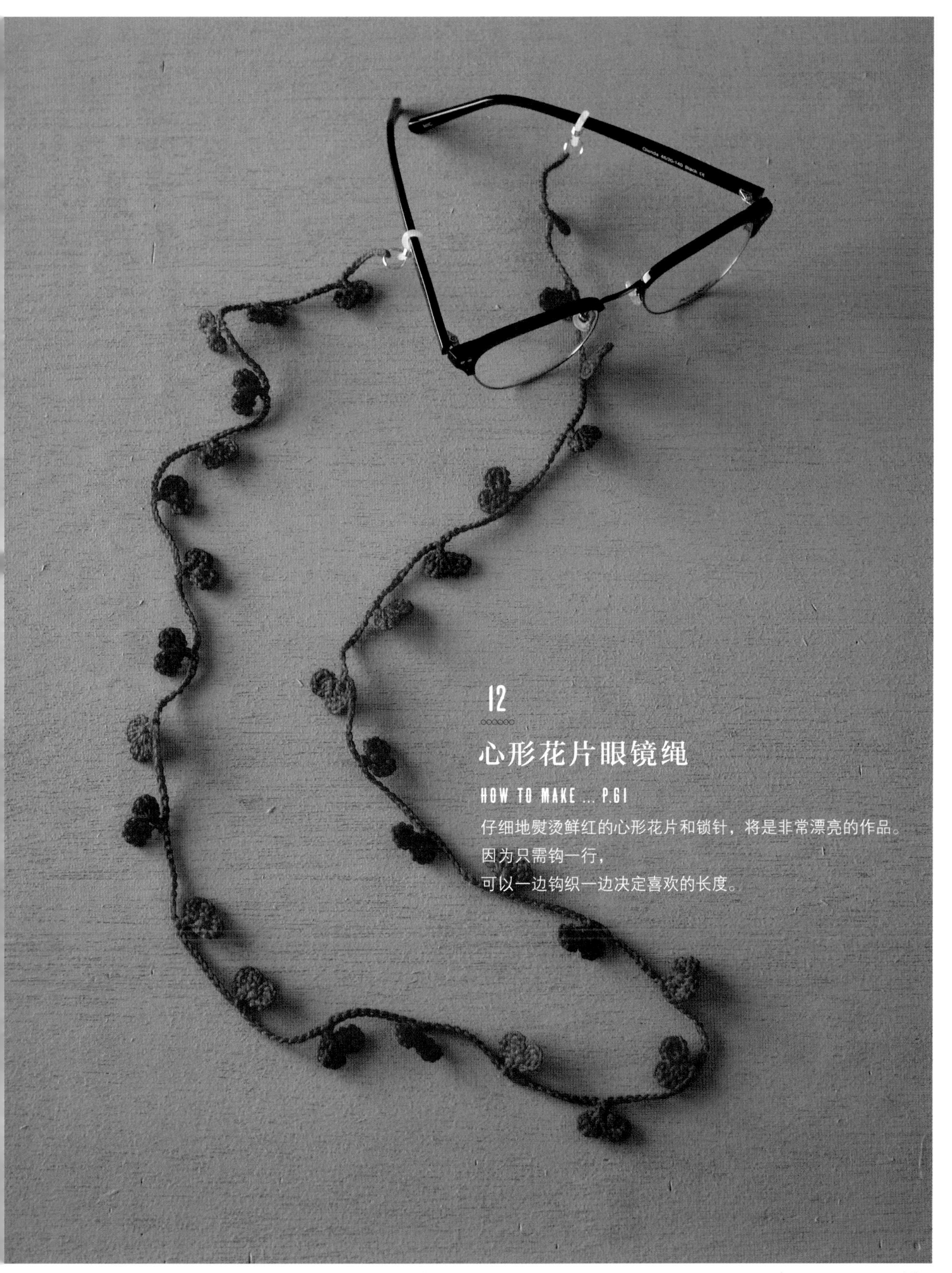

12

心形花片眼镜绳

HOW TO MAKE ... P.61

仔细地熨烫鲜红的心形花片和锁针，将是非常漂亮的作品。
因为只需钩一行，
可以一边钩织一边决定喜欢的长度。

13

五彩糖果耳环、挂饰

HOW TO MAKE ... P.62

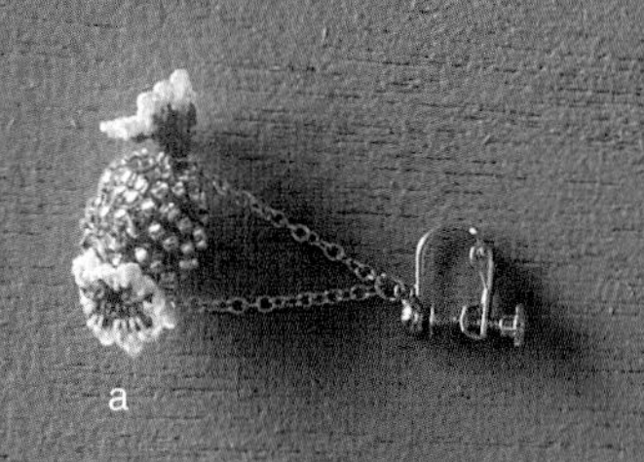

a

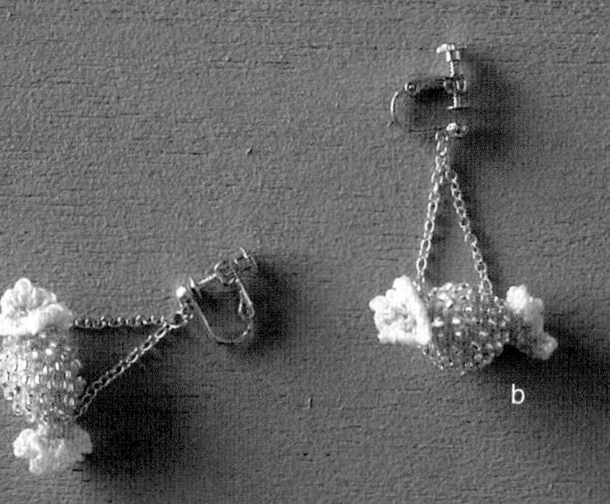

b

c

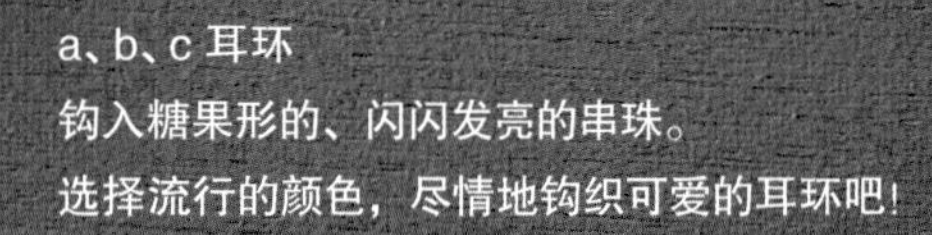

a、b、c 耳环

钩入糖果形的、闪闪发亮的串珠。

选择流行的颜色，尽情地钩织可爱的耳环吧！

d 挂饰

可以按照与糖果耳环相同的图案进行钩织。
真想在链子上装上许多糖果，
享受可爱、闪闪发亮的感觉。

a 项链

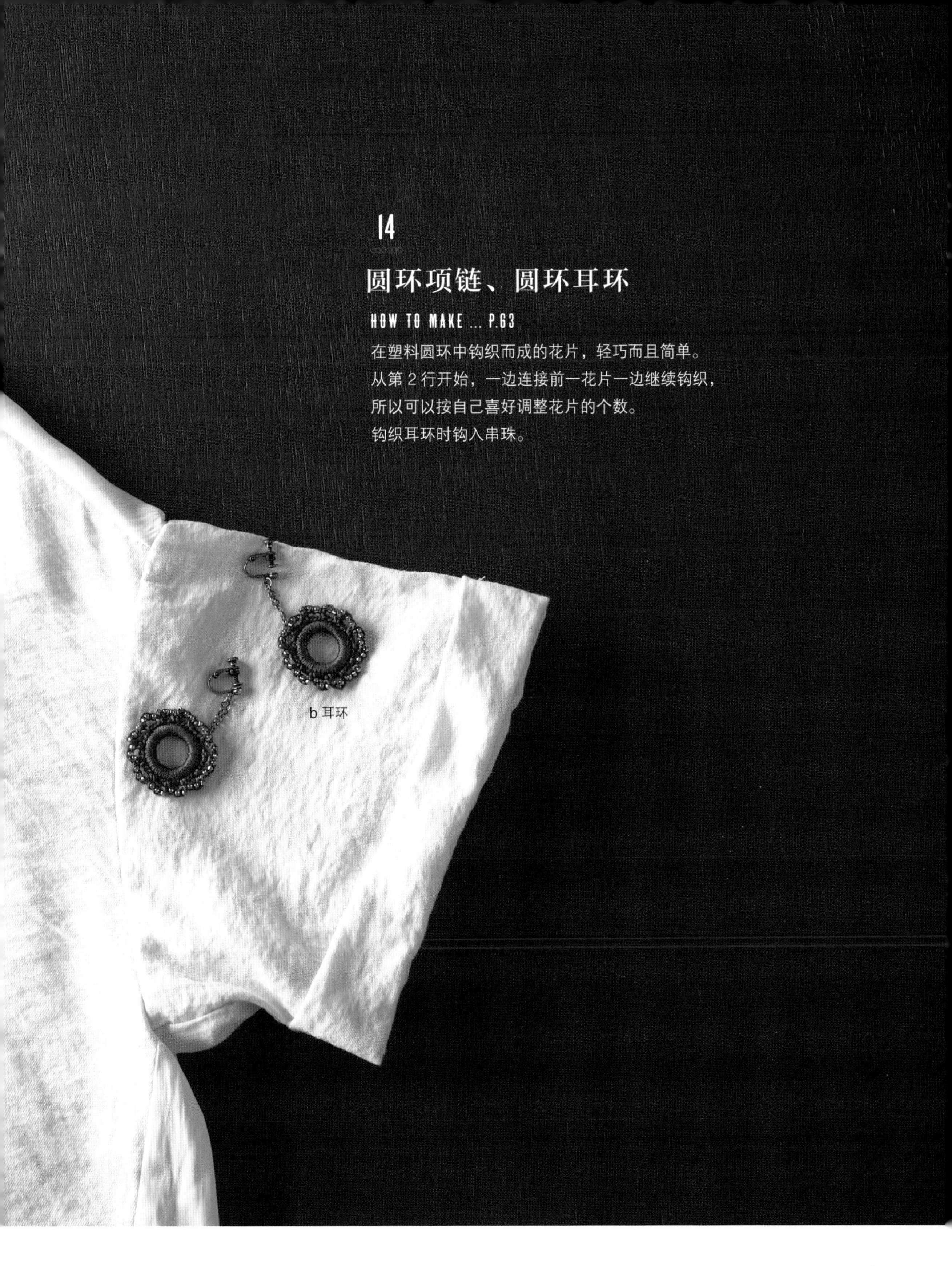

14

圆环项链、圆环耳环

HOW TO MAKE ... P.63

在塑料圆环中钩织而成的花片，轻巧而且简单。
从第 2 行开始，一边连接前一花片一边继续钩织，
所以可以按自己喜好调整花片的个数。
钩织耳环时钩入串珠。

b 耳环

15

插梳、发带式插梳

HOW TO MAKE ... P.64

用蓝色系的段染线钩织的小花很像绣球花，在主体上随意缝上小花。
发带式插梳用在特殊的日子，平常用插梳。
无论是日式还是西式，都非常合适。

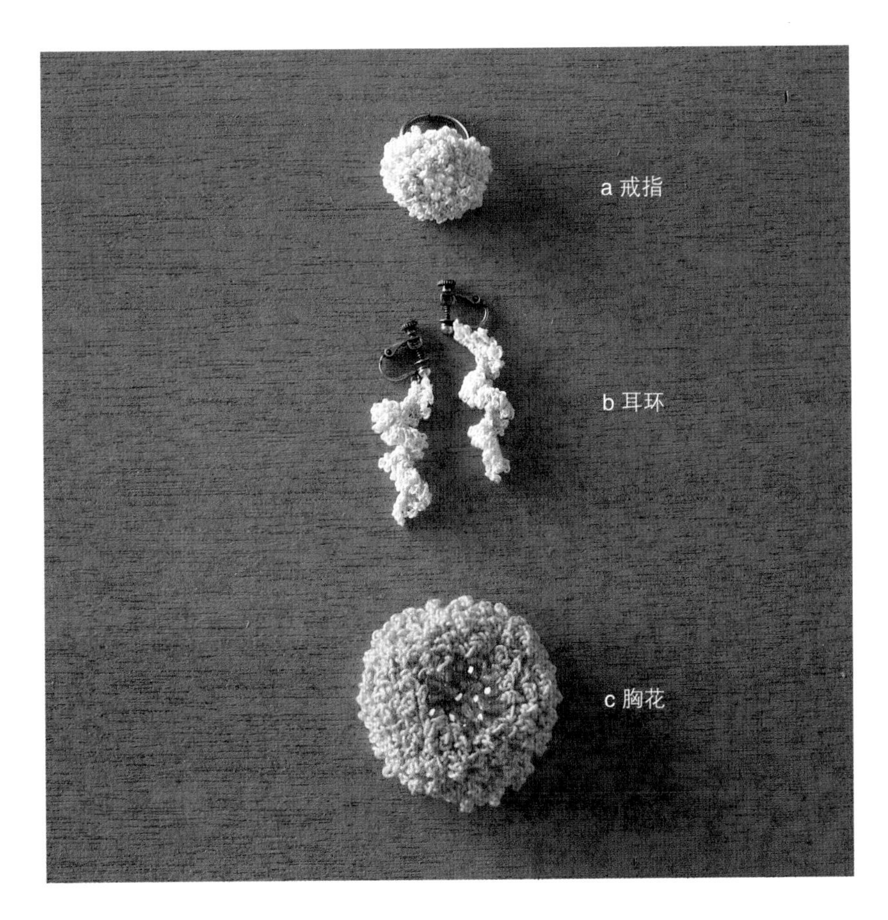

16

自然卷花边饰品

HOW TO MAKE ... P.65

用锁针和短针钩织的花边，
在钩织的过程中就会一圈一圈自然地卷起来。
巧妙利用这种自然卷的特性制作成耳环。
如果将花边卷起来并缝合，也可以制作成戒指和胸花。

17

褶边小球饰品

HOW TO MAKE ... P.66

小圆球的少女风应用。
在条纹针钩织的小圆球上，用锁针钩上褶边。
推荐用容易看出钩织针目的、清爽颜色的线钩织本作品。

18

花片饰品

HOW TO MAKE ... P.67

1 针锁针的狗牙针给人纤细的感觉。
12 片花瓣组成一朵漂亮的小花。

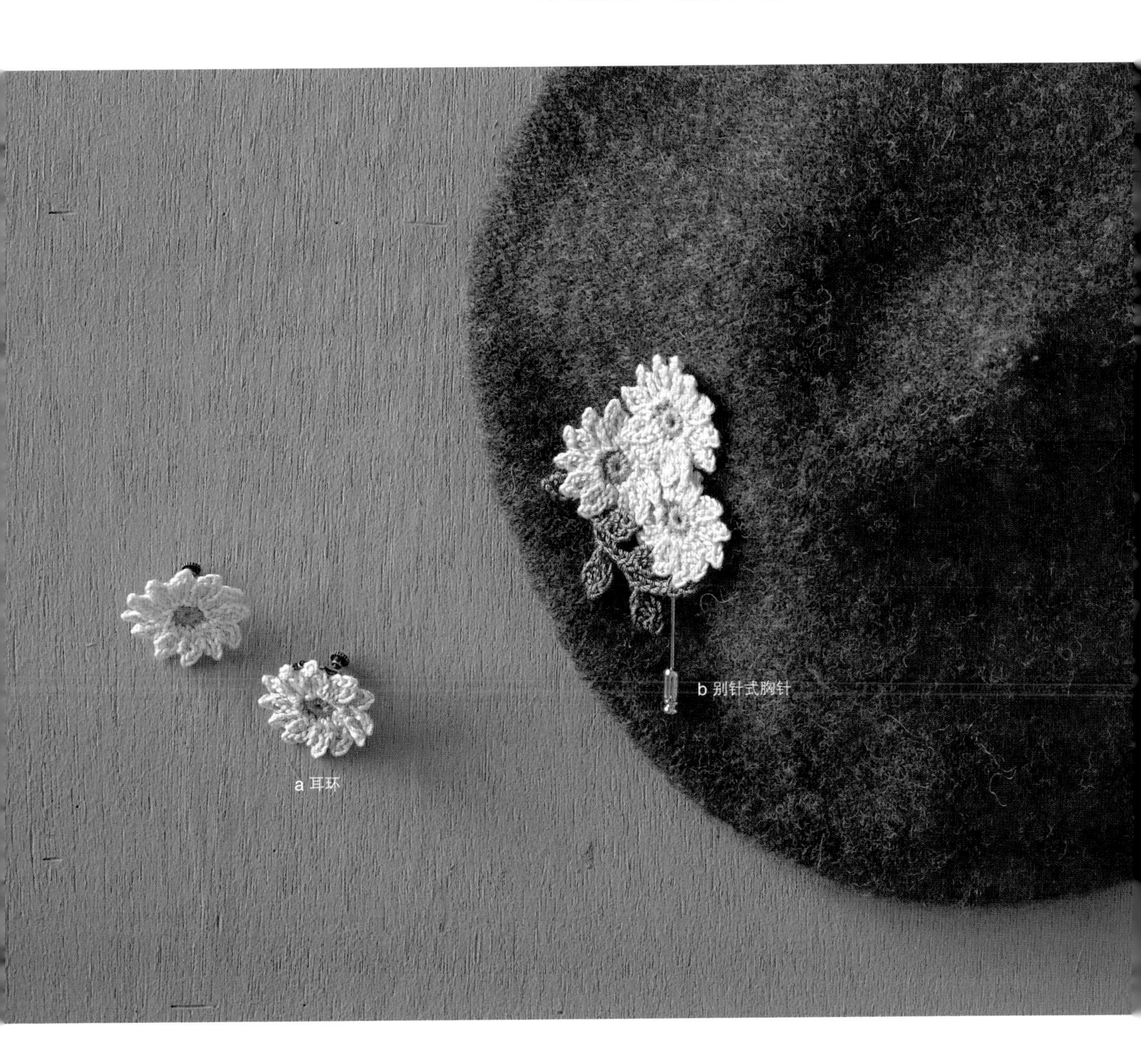

b 别针式胸针

a 耳环

19

大花朵纽扣手链

HOW TO MAKE ... P.68

在茎的前端缝上纽扣，
佩戴时在花朵的中心处扣上纽扣。
也可以挂在包包的提手上，或者用作发饰。

20

花边手链

HOW TO MAKE ... P.69

因为叶子花片是连着钩织完成的，
佩戴的时候可以保持原有形状，
给人整齐的印象。

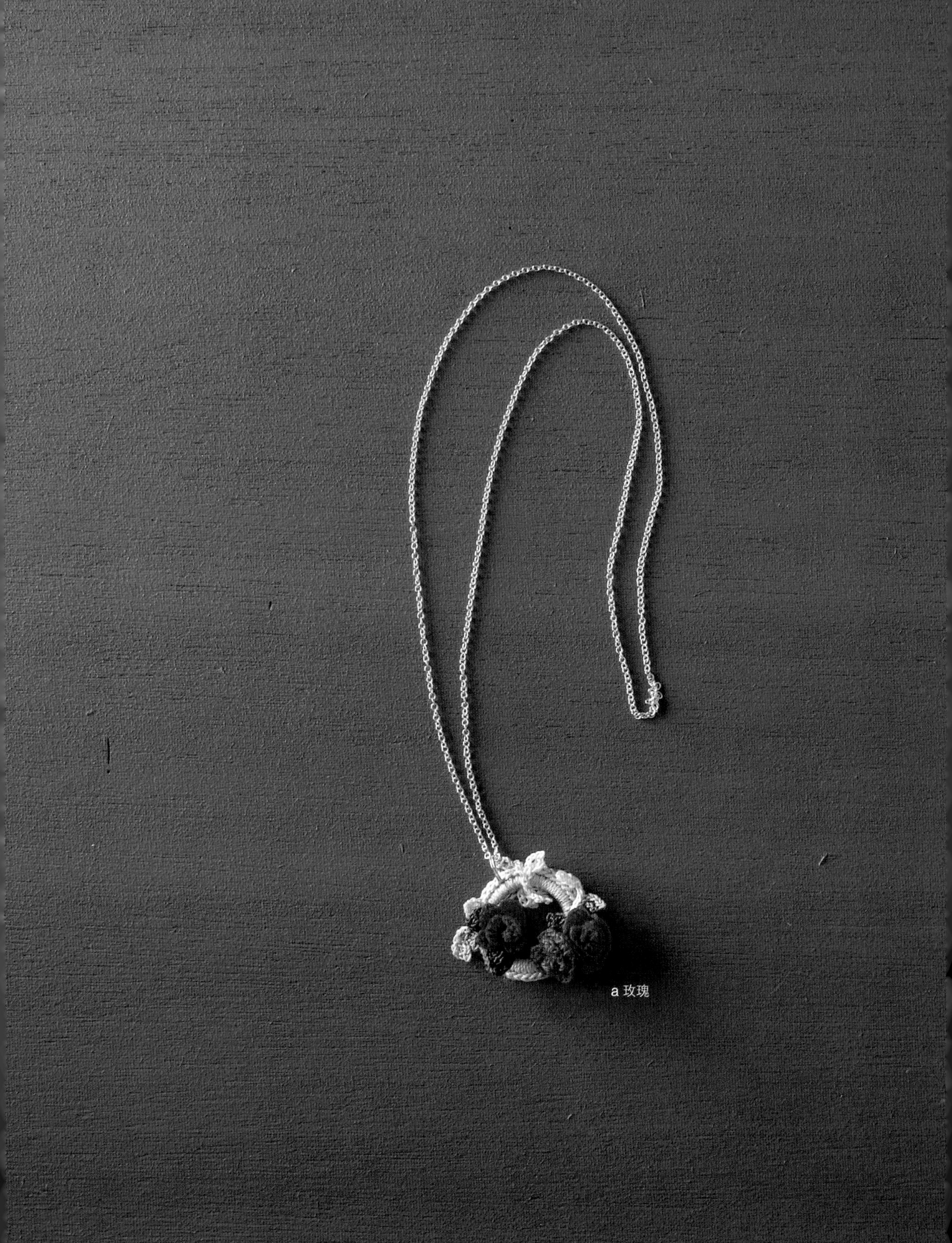

a 玫瑰

21

花环挂件

HOW TO MAKE ... P.70

在圆环形金属挂件中钩织而成的花环上，
立体地缝上小花花片和果实等。

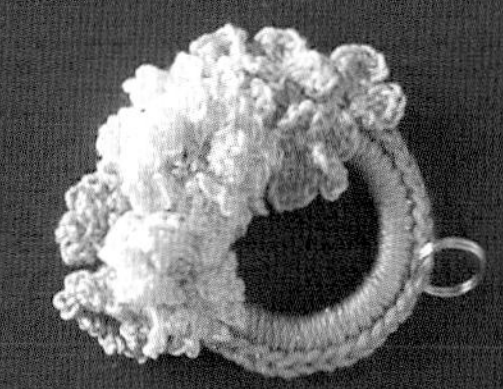

c 花束

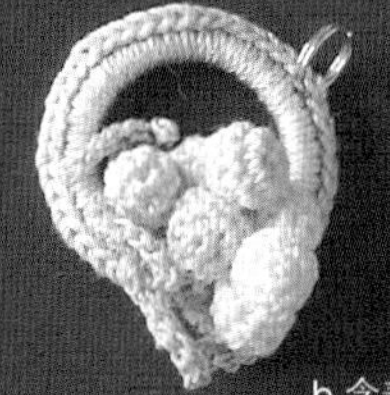

b 含羞草

22

蝴蝶结领结

HOW TO MAKE ... P.72

四边形花片经常作为基础钩织方法进行介绍，
此作品将其做成了蝴蝶结。
钩织 4 片，缝成袋状，制作完成后有立体感。
如果制作成领结，还可以成为男士也能佩戴的针织小物哦。

23

蕾丝蝴蝶结

HOW TO MAKE ... P.73

这是蝴蝶结领结的变化款。
网眼针的边缘，钩织出蕾丝效果。
用一种颜色的线钩织，给人更加正式的感觉。
还可以在中间穿入发箍，
或者做成发圈、手提包挂件等，用途广泛。

a

b

24

双层蕾丝发圈

HOW TO MAKE ... P.74

在橡皮筋里钩织。

改变第 2 行的钩织起点，钩织出双重蕾丝交错的效果。

25

狗牙针花边挂件

HOW TO MAKE ... P.75

用 3 针锁针的狗牙针花边制作成华美又少女风的挂件。
也可以钩织得更长一点，做成饰带或项链等。

a　b　c

a　b

26

枣形针收纳袋

HOW TO MAKE ... P.76

枣形针的条纹收纳袋。
出门时，可以在里面装上饰品和小香水瓶等。

27

圆形花片装饰领

HOW TO MAKE ... P.77

不断重复的狗牙针，使圆形花片更加纤细精致。
在最后一行，一边连接一边继续钩织。

28

牛仔裤蕾丝拼贴

HOW TO MAKE ... P.78

用短针钩编的圆形花片，随意点缀在简单的牛仔裤口袋上。
钩织半圆形的、25 个狗牙针的花边，
缝在袋口处，打造出少女风格。

29

玫瑰花勋章

HOW TO MAKE ... P.79

玫瑰花勋章起源于欧洲，并且使用了丝带。
因为是稍粗的棉质蕾丝线，褶皱很多也不会太过甜美。

制作方法

只有锁针和短针两种针法的小花片。
即使是如此简单的钩织方法，
也能制作出漂亮的饰品。
因为小巧，所以能够很快完成！
让我们搭配五彩蕾丝线，
一起钩织出只属于自己的得意小饰品吧！

蕾丝钩织的基本工具和材料

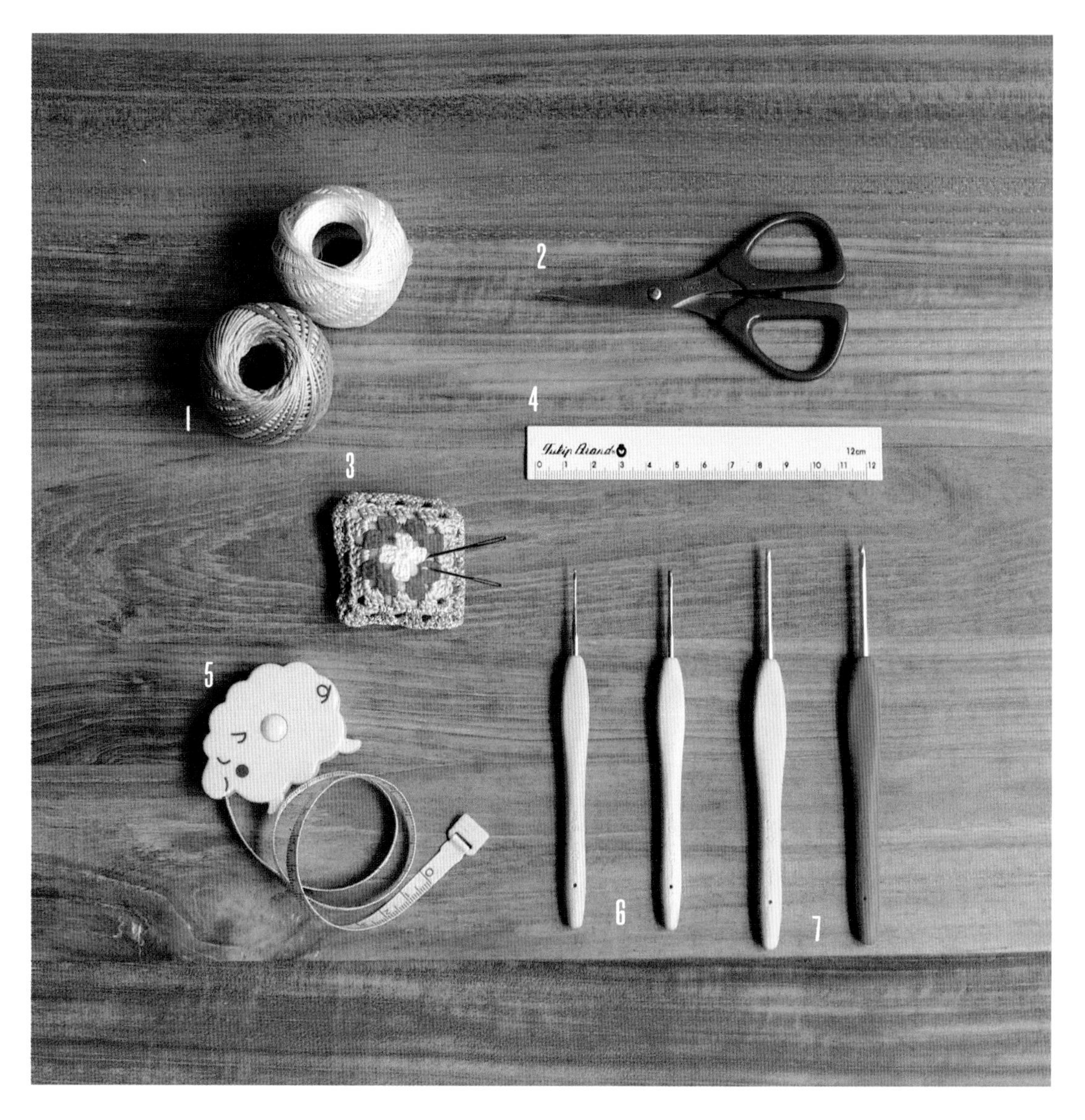

1. 蕾丝线
从纤细的蕾丝线，到稍粗的蕾丝线，种类丰富。

2. 手工艺用剪刀
适用于剪线等细致操作的小剪刀。

3. 针插
用于插尖头缝针和钝头缝针等。

4. 直尺
用于测量钩织花片的尺寸等。

5. 卷尺
测量曲线时非常方便。

6. 蕾丝钩针
钩织蕾丝线时使用，比钩针细，有 0、2、4、6、8 号等。

7. 钩针
比蕾丝钩针粗，用于钩织粗线，有 2/0、3/0……10/0 号等。

制作饰品时使用的金属配件

1. 圆盘胸针金属配件
分发卡式和别扣式 2 种。

2. 水滴形金属圈
水滴的形状非常可爱。

3. 耳环金属配件
可粘贴式。

4. 插梳
用卷针缝的方法缝在花片的背面。

5. 手提包挂链
用于制作手提包挂饰。

6. 戒指金属配件
花片粘贴在戒托上。

7. 丝带扣
将丝带的一端夹住固定。

8. 耳环金属配件
用小圆环与花片连接。

9. 圆环
本书作品中，用蕾丝线钩织的同时把圆环包在里面。

10. 胸针金属配件
缝在花片的背面。

制作饰品时使用的工具和材料

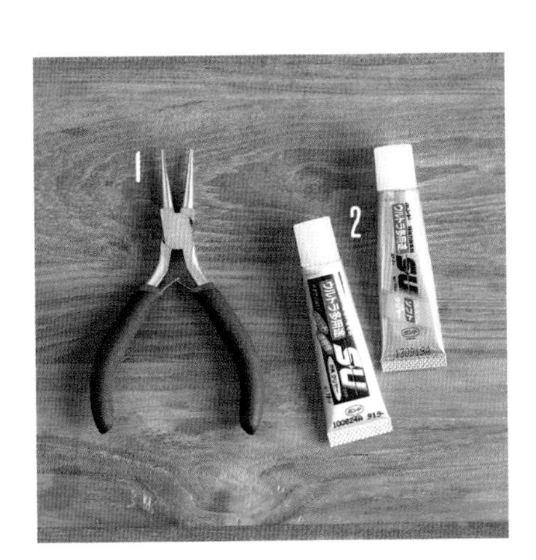

1. 钳子
用小圆环连接饰品金属配件与饰品时使用的工具。

2. 黏合剂
用于粘贴胸针金属配件等。能够黏合各种材料的手工艺用黏合剂，非常方便。

蕾丝钩织基础

线头抽取方法

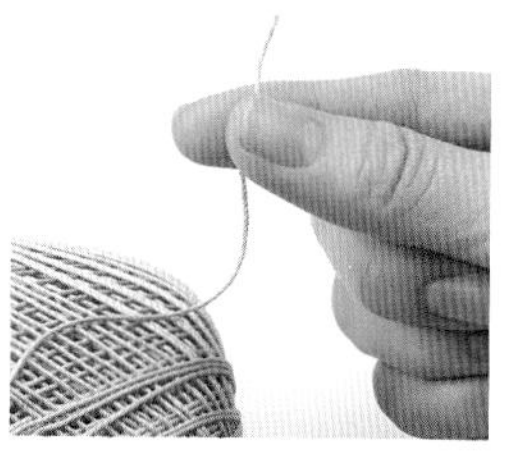

绕在硬芯上的线团，从外侧抽取线头使用。

挂线方法和针的握法

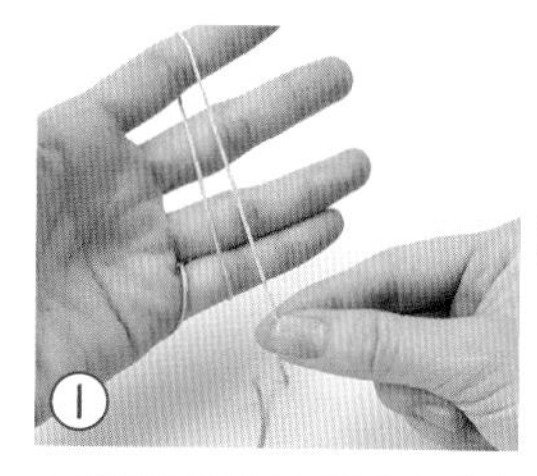

由于蕾丝线很细，要在左手小指上先绕一圈，然后将线挂在食指上，再用拇指和中指指尖捏住线头。

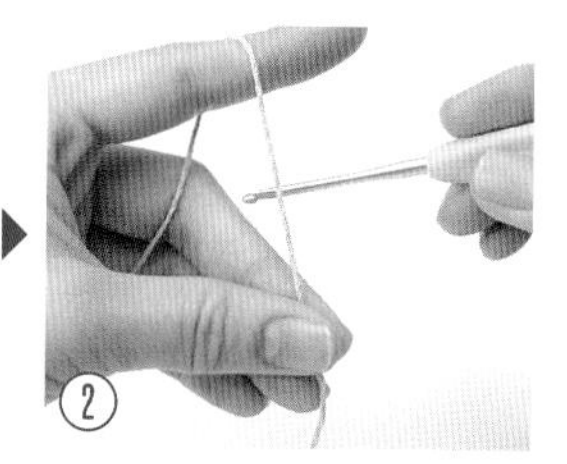

用手的拇指和食指持针，再用中指轻轻抵住。用钩针的针头挂线。钩织时，中指压住挂在钩针上的线或者编织物。针头一般朝下。

用锁针钩织出圆环的方法

钩织5针锁针（在具体作品中，钩织指定针数）。锁针的钩法参照P.44。

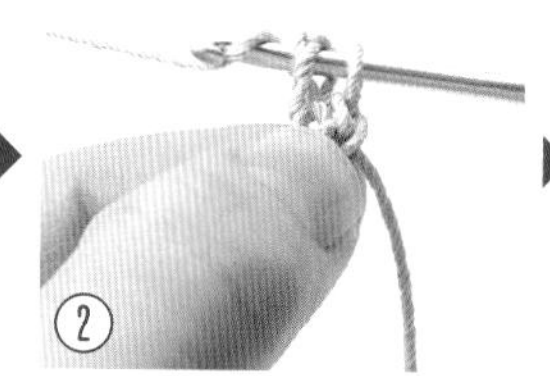

将起针的第1针锁针的半针和里山的2根线挑起后插入钩针。

挂线拉出，形成圆环。锁针的圆环完成。

环形起针

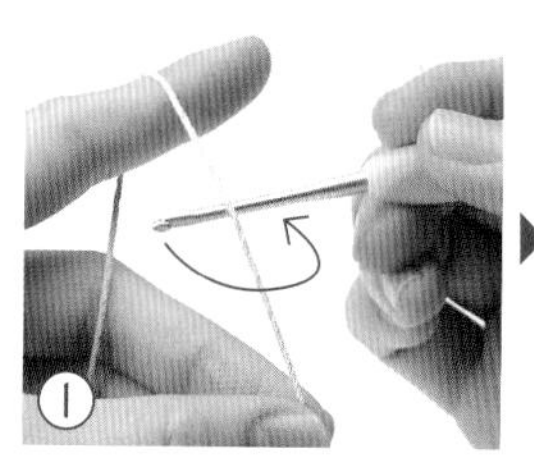

将钩针放在线的内侧，转动针头，形成松松的线圈。

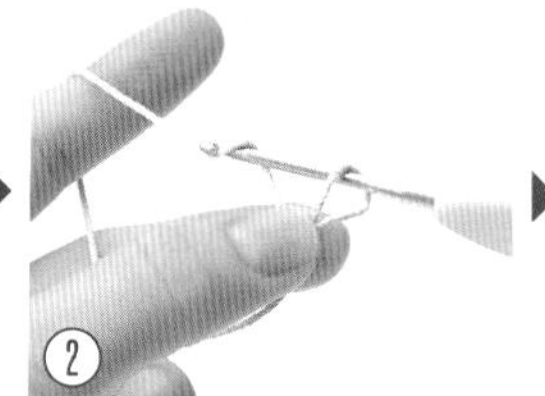

压住线圈的交叉处，在针上挂线后拉出。

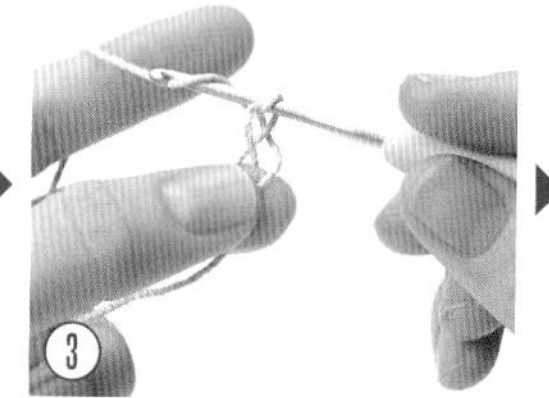

不要拉紧线圈，保持松松的状态，再次在钩针上挂线拉出（此针为1针锁针的立针）。

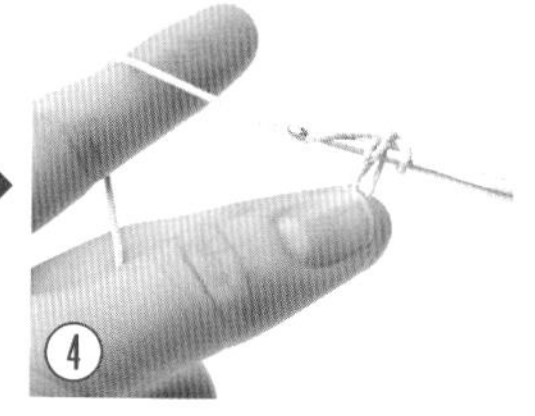

继续将钩针插入线圈，挂线拉出。

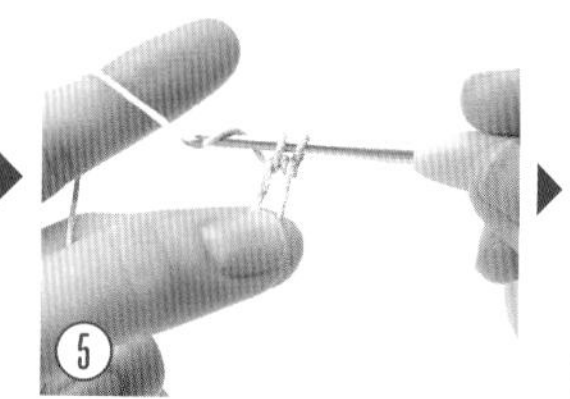

在针头挂线引拔。

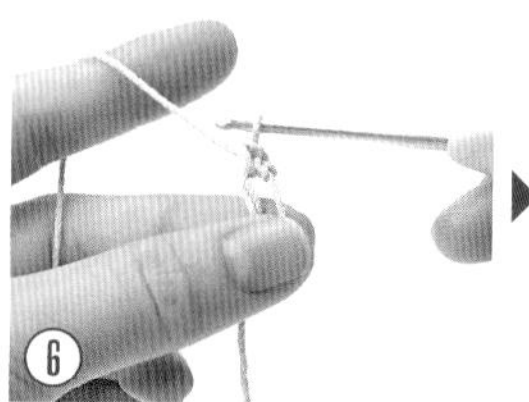

1针短针完成。继续用同样的方法在线圈中插入钩针钩织短针。

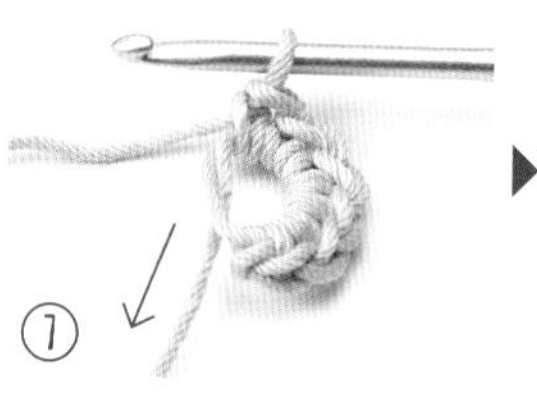

重复步骤④～⑥，钩织完需要的针数后，拉紧线头，缩紧圆环。

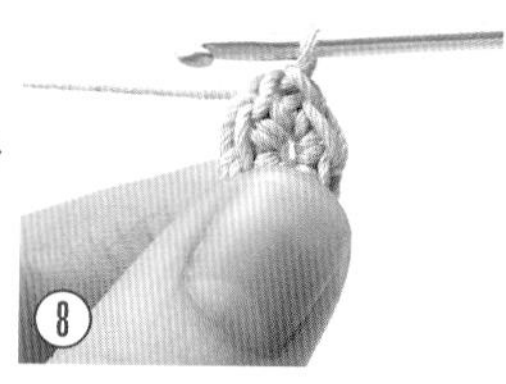

将钩针插入第1个短针的针头中，挂线引拔。

线头处理与后整理

线头处理 1

钩织结束后将线剪断，把线头穿过线圈。

拉紧穿过线圈的线头。虽然会留下小结扣，却是简单的线头处理方法。

线头处理 2

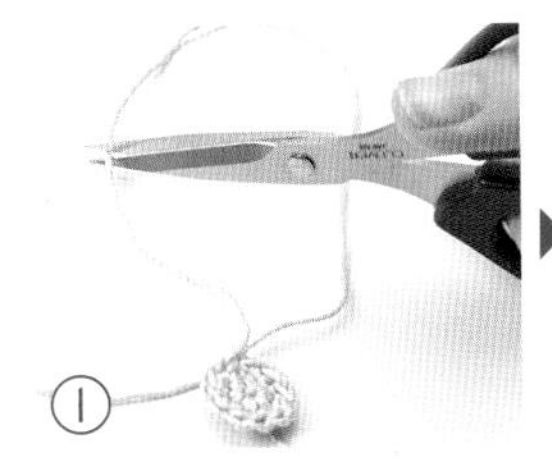

钩织结束时，把钩针往上拉，拉长线圈后剪断。

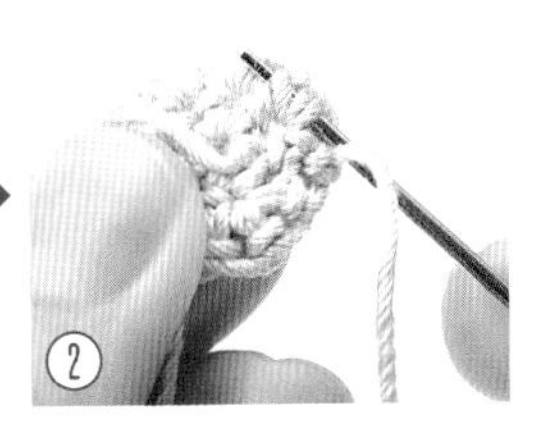

将线穿过缝针，把线头藏在针目的后面。这种处理方法没有小结扣，但是有时会有绽线的情况。

线头处理 3

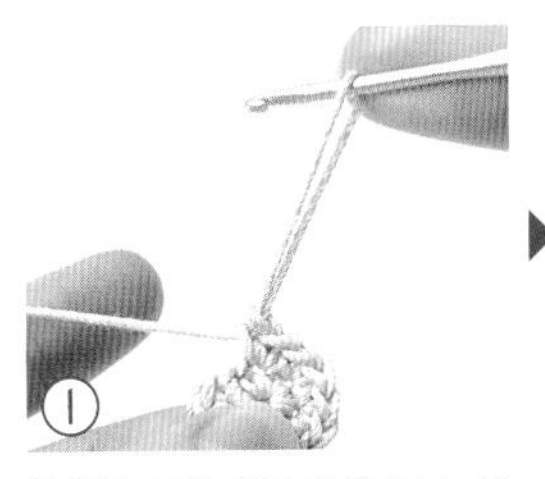

钩织结束时，把钩针往上拉，拉长线圈后剪断。

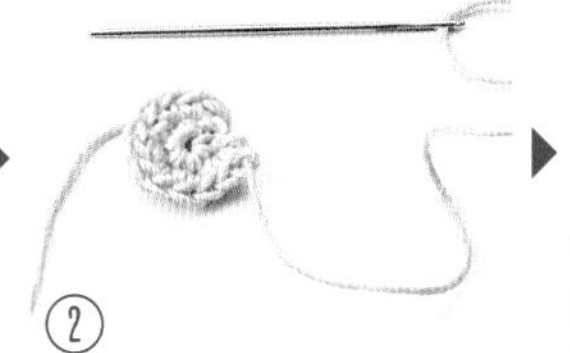

将线头穿过缝针。

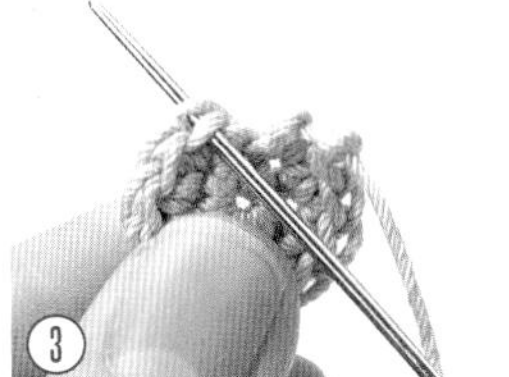

将缝针插入第1个针目的头针中，拉出。

再将缝针插入刚才线圈穿出的针目中。

拉出线头，将连接处调整成1针锁针的大小。最后将线头藏在针目的后面。

整烫

将编织物、花片翻到反面后进行熨烫。整理形状，用珠针固定后，熨斗距离编织物2～3cm，进行蒸汽熨烫。压在编织物上熨烫时，建议铺上垫布。另外，注意不要来回摩擦，以免蕾丝线磨损或发亮（反光）。

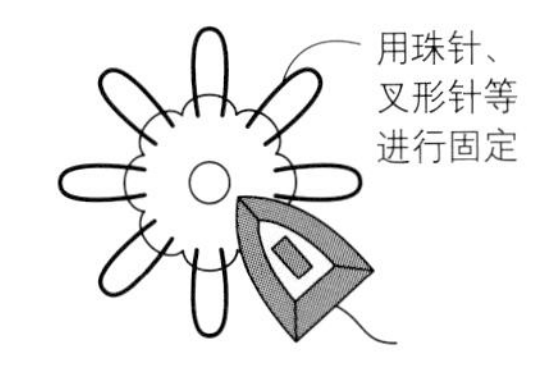

锁针的挑针方法

● 从锁针的里山挑针的方法

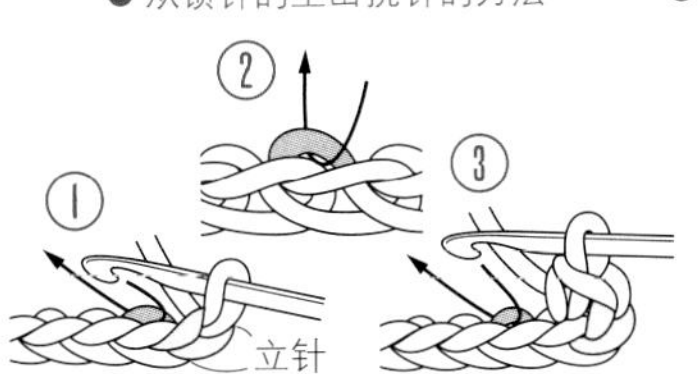

● 从锁针的半针和里山2根线里挑针的方法

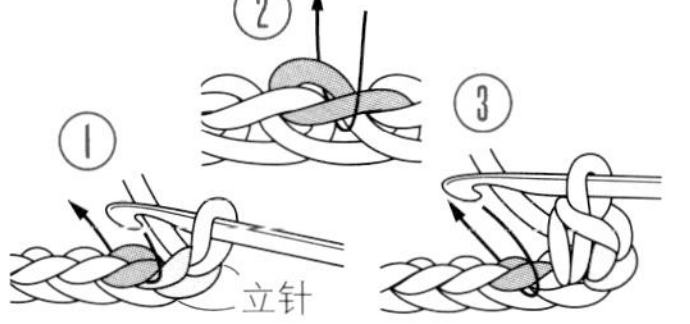

本书中基本使用从锁针的半针和里山2根线里挑针的方法进行钩织。只从锁针的里山挑针的情况，会在钩织方法说明中加以注明。

锁针的正面与反面

正面

反面

钩织符号和钩织方法

锁针

①

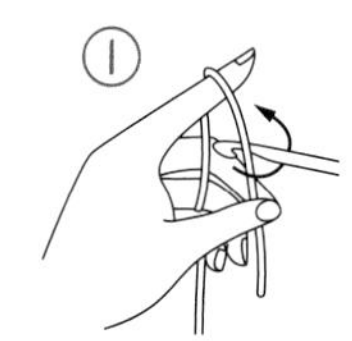

留出少许线头后将线挂在左手上，如箭头所示转动针头绕出一个线圈。

②

压住线交叉的部位，在针头上挂线后拉出。

③

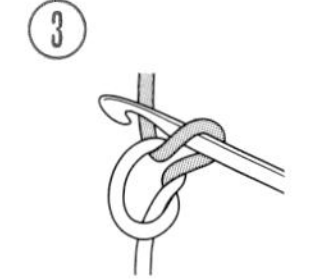

拉紧线头。这针不算作1针。

④

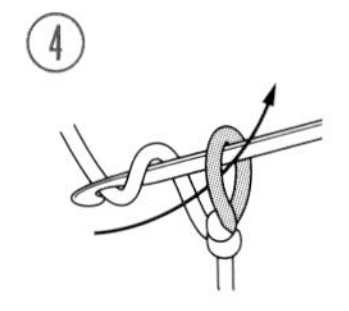

在针头上挂线，从线圈中引拔出。

⑤

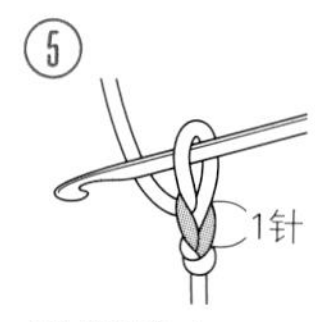

1针锁针完成。

短针

※1针锁针的立针不计入针数。

①

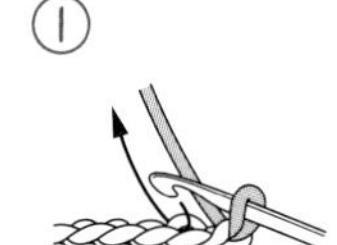

钩织1针锁针作为立针，挑取起针的1个针目（此处从锁针的里山挑针）。

②

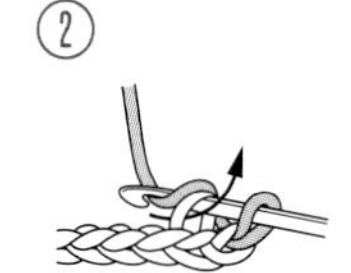

在针头上挂线后拉出。

③

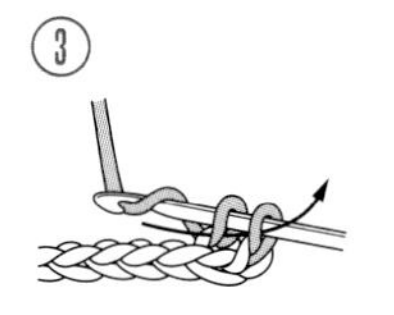

再次在针头上挂线，一次引拔穿过针上的2个线圈。

④

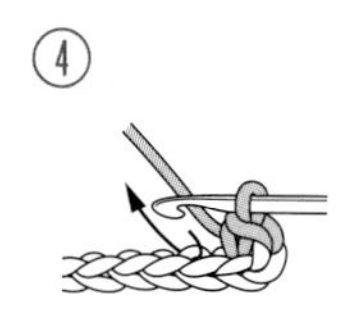

1针短针完成。重复步骤1～3继续钩织。

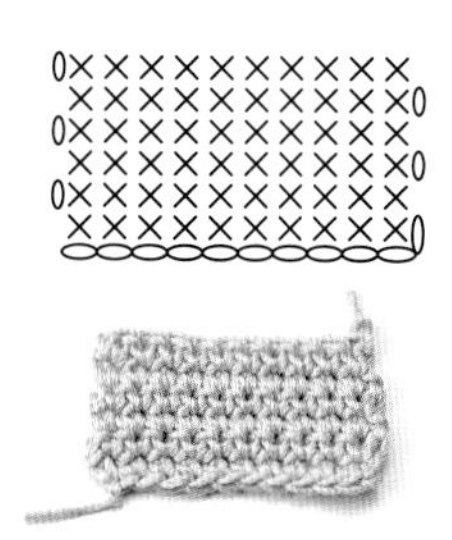

中长针

※2针锁针的立针计入针数。

①

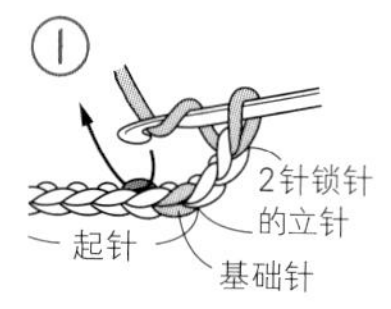

钩2针锁针作为立针，在针头上挂线挑取起针的第2个针目。

②

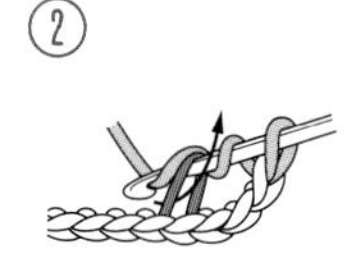

在针头上挂线后拉出。

③

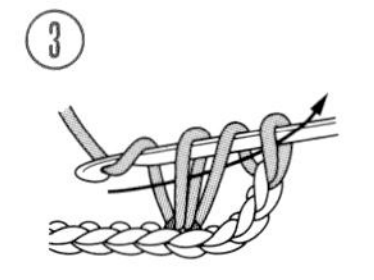

再次在针头上挂线，一次引拔穿过针上的3个线圈。

④

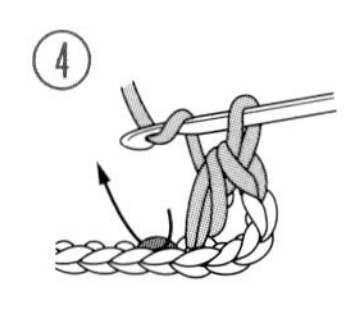

1针中长针完成。重复步骤1～3继续钩织。

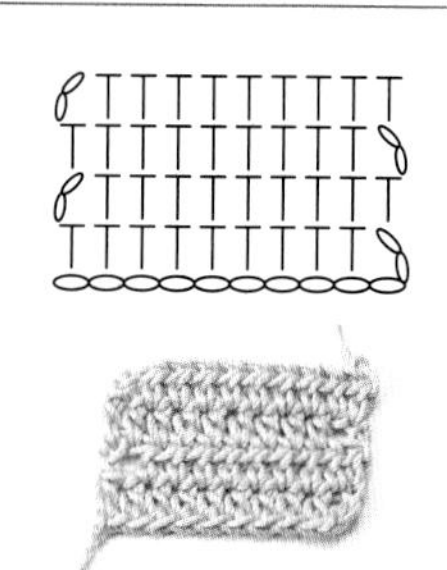

长针

※3针锁针的立针计入针数。

①

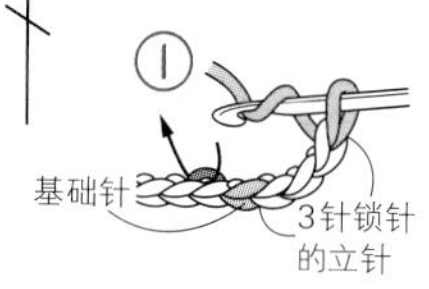

钩织3针锁针作为立针，在针头上挂线挑取起针的第2个针目。

②

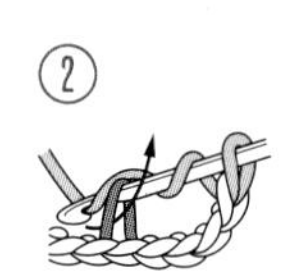

在针头上挂线后拉出，拉出线的高度为1行高度的1/2左右。

③

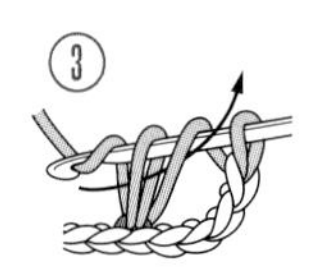

在针头上挂线，一次引拔穿过2个线圈。

④

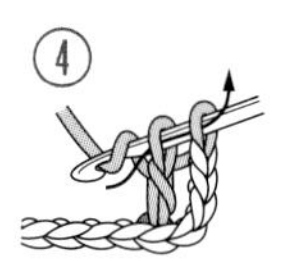

再次在针头上挂线，一次引拔穿过针上的2个线圈。

⑤

1针长针完成。重复步骤1～4继续钩织。

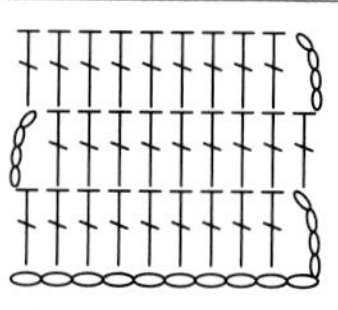

长长针

※可以钩织出短针长度的4倍。4针锁针的立针计入针数。

①

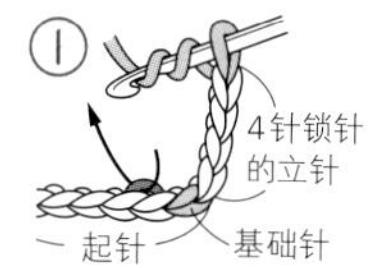

钩织4针锁针作为立针，在针头上绕2圈线后挑取起针的第2个针目。

②

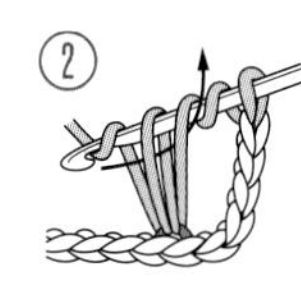

③

④

在针头上挂线后拉出，像长针步骤2那样，拉出线的高度为1行高度的1/3左右。接着在针头上挂线，一次引拔穿过2个线圈，拉出线的高度为1行高度的2/3左右。再次在针头上挂线，一次引拔穿过针上的2个线圈，拉出线的高度为1行的高度。最后，在针头上挂线，一次引拔穿过2个线圈。

⑤

1针长长针完成。重复步骤1～4继续钩织。

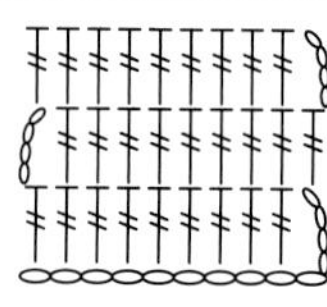

3针长针的枣形针

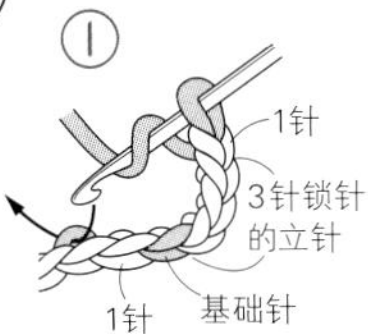

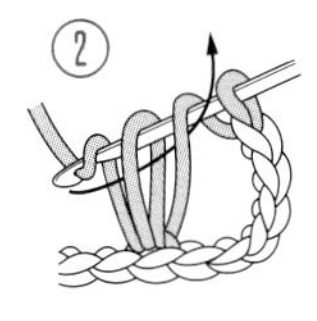

在同一针目中钩织未完成的长针（第2针）。

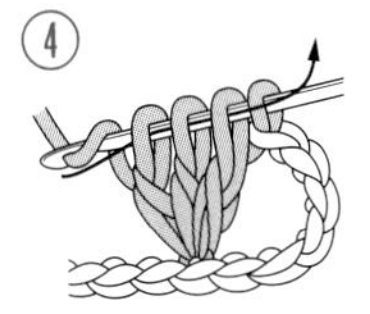

再次在同一针目中钩织未完成的长针(第3针)。最后,在针头上挂线,一次引拔穿过所有线圈。

完成。

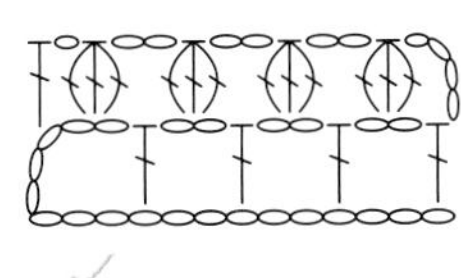

成束钩织3针长针的枣形针

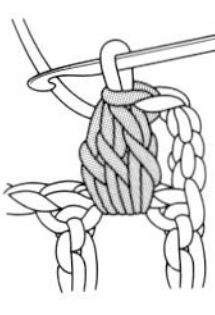

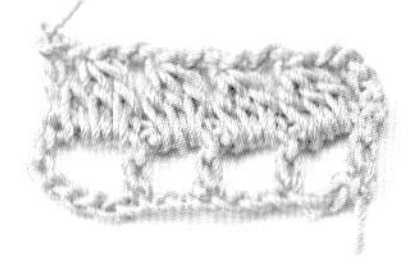

短针2针并1针

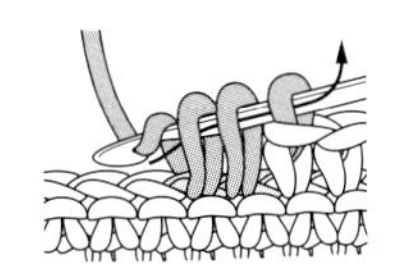

钩织1针未完成的短针,在之后的针目里插入钩针钩织短针。

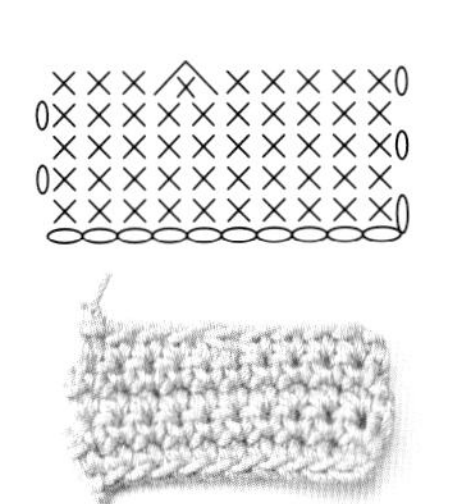

长针2针并1针

钩织1针未完成的长针,在之后的针目里插入钩针钩织长针。

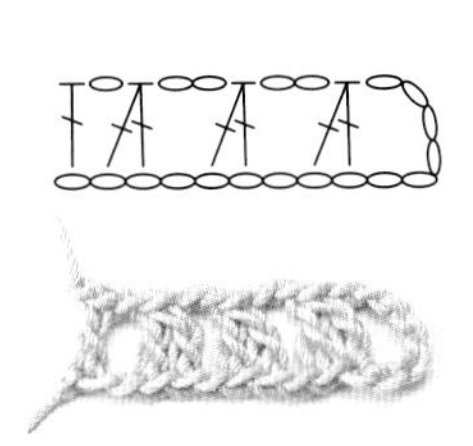

1针放2针短针

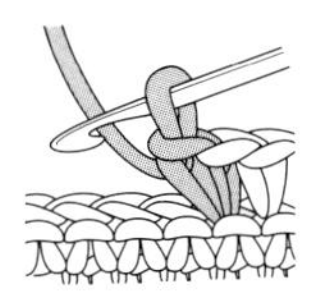

钩织完1针短针后,在同一针目里再次钩织1针短针。

环形起针，环形钩织（第2行加至12针）。

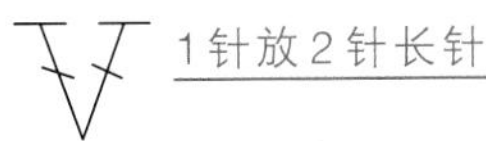

1针放2针长针

钩织完1针长针后,在同一针目里再次钩织1针长针。

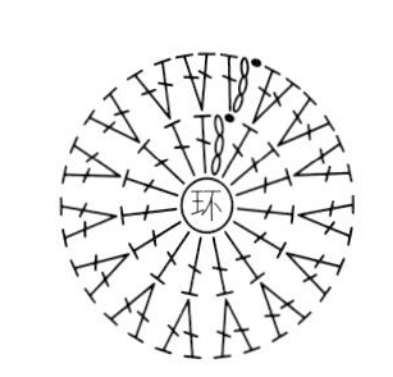

环形起针，环形钩织（第2行加至32针）。

● 相关钩织方法和符号

1针放3针短针

1针放3针短针的条纹针、菱形针
※请参照条纹针的钩织方法

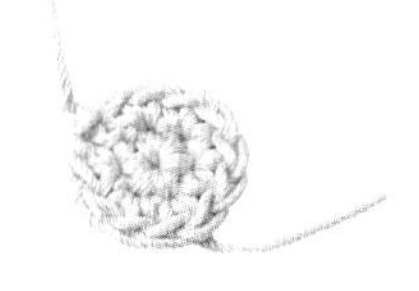

短针的菱形针（往返钩织）

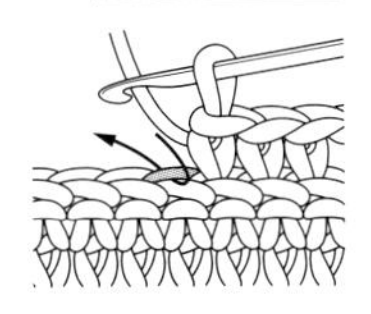

每行结束都要翻转织片，将钩针插入上一行针目头针的外侧半针中钩织短针。

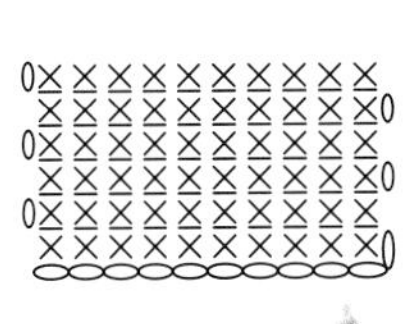

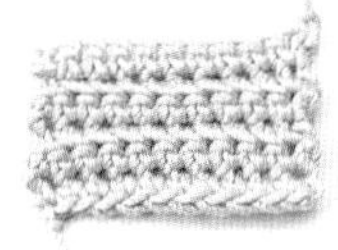

短针的条纹针（环形钩织）

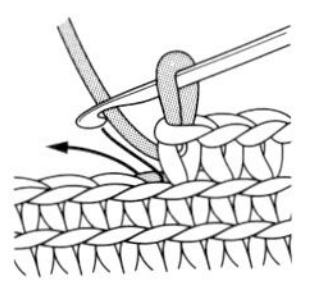

将钩针插入上一行针目头针的外侧半针中钩织短针。环形钩织时，由于一直看着编织物的正面进行钩织，正面形成条纹状花样。

引拔针

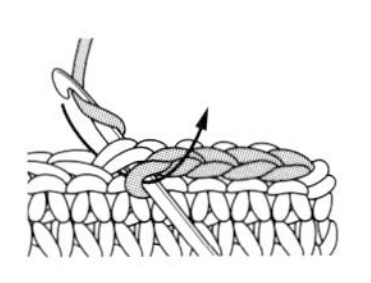

插入钩针，挂线拉出。

钩织技巧

在苹果上进行绣缝 ∞∞ P.51

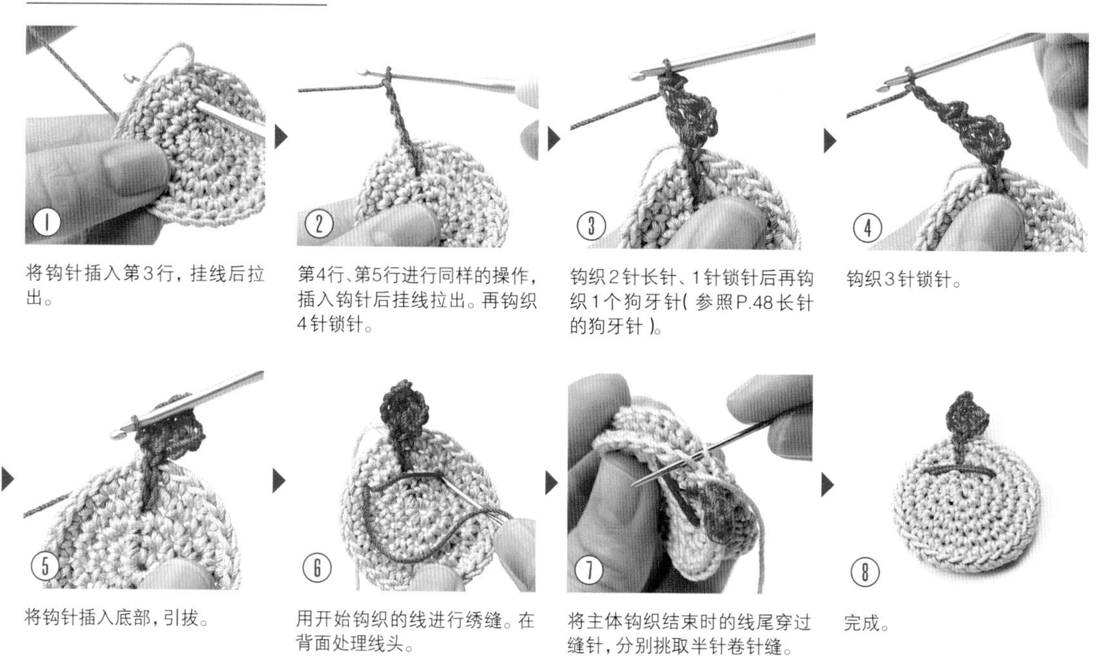

① 将钩针插入第3行，挂线后拉出。

② 第4行、第5行进行同样的操作，插入钩针后挂线拉出。再钩织4针锁针。

③ 钩织2针长针、1针锁针后再钩织1个狗牙针（参照P.48长针的狗牙针）。

④ 钩织3针锁针。

⑤ 将钩针插入底部，引拔。

⑥ 用开始钩织的线进行绣缝。在背面处理线头。

⑦ 将主体钩织结束时的线尾穿过缝针，分别挑取半针卷针缝。

⑧ 完成。

绣缝 ∞∞ P.55

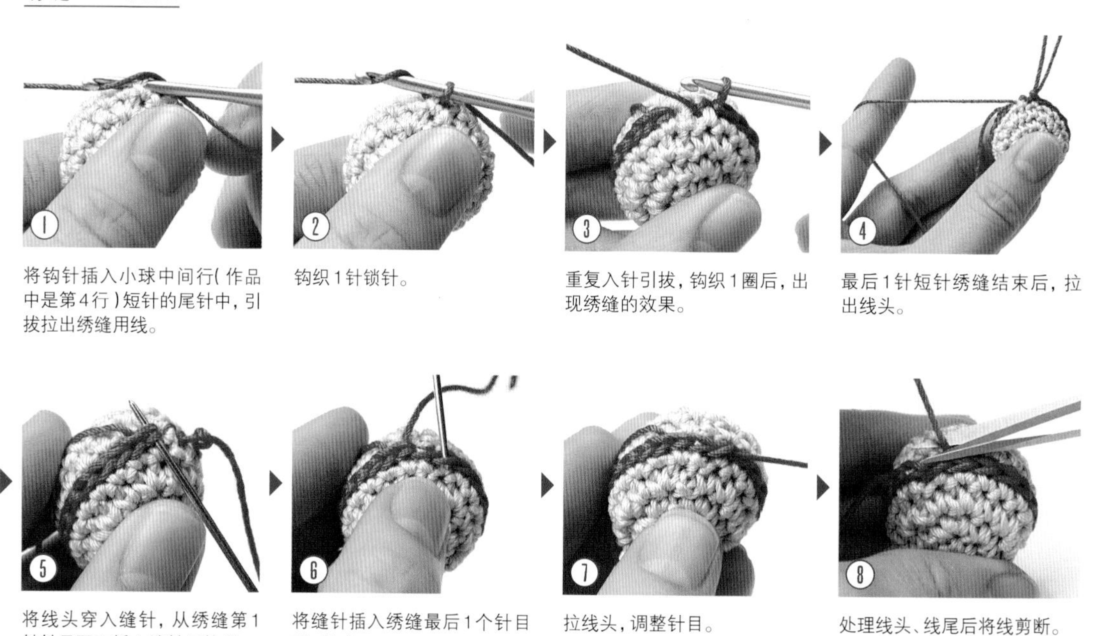

① 将钩针插入小球中间行（作品中是第4行）短针的尾针中，引拔拉出绣缝用线。

② 钩织1针锁针。

③ 重复入针引拔，钩织1圈后，出现绣缝的效果。

④ 最后1针短针绣缝结束后，拉出线头。

⑤ 将线头穿入缝针，从绣缝第1针针目下面插入缝针后拉出。

⑥ 将缝针插入绣缝最后1个针目里，拉出。

⑦ 拉线头，调整针目。

⑧ 处理线头、线尾后将线剪断。

在圆环中钩织 ∞∞ P.54、63

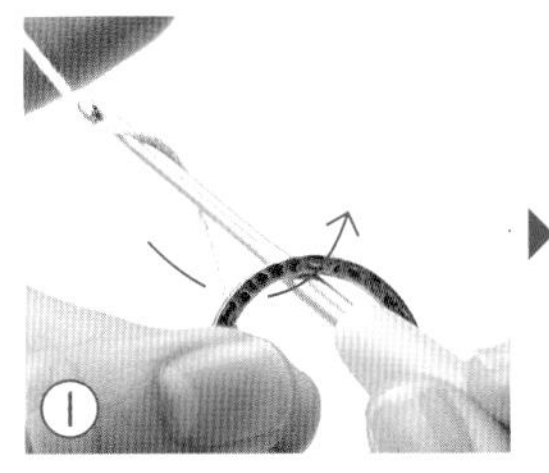

左手拿住线和圆环，将钩针插入圆环中，挂上线。

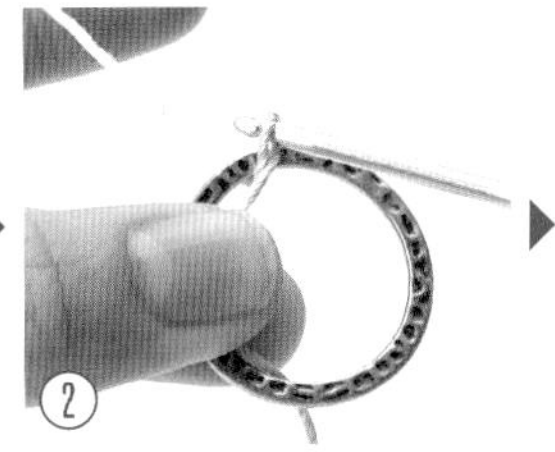

从圆环中将挂线拉出。

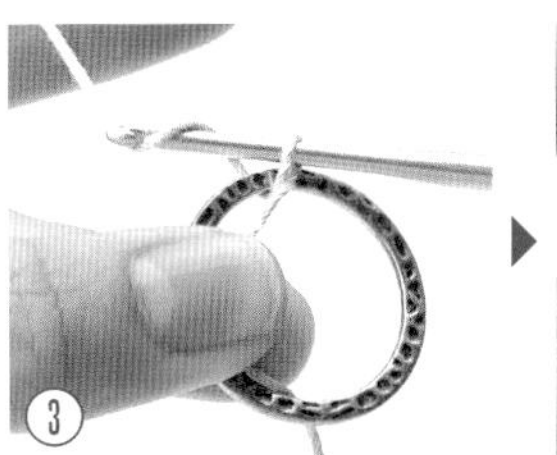

在针头上挂线后引拔。

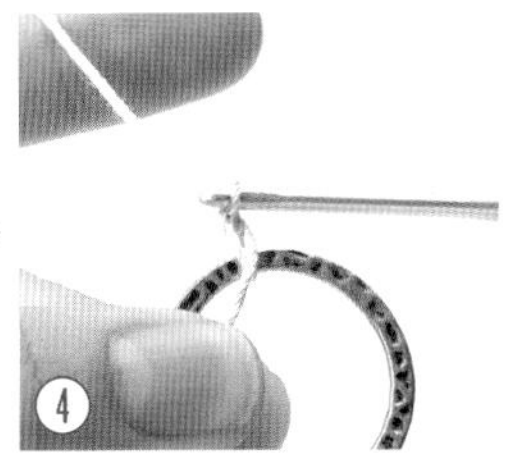

起针完成。

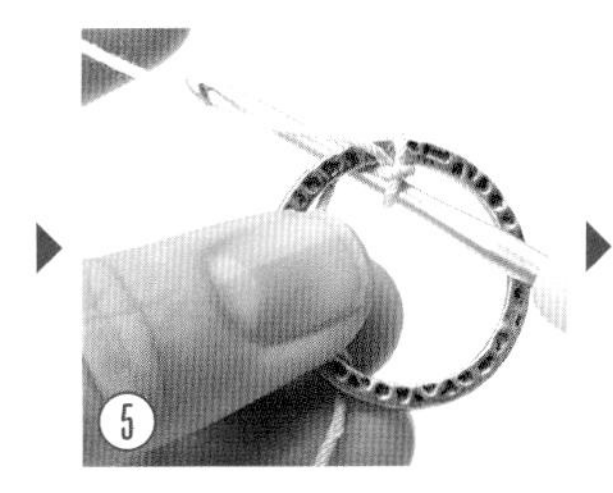

将针插入圆环中，挂线拉出准备钩织短针。线头紧贴圆环，钩织时一起将线头包在里面。

在针头上挂线，继续钩织短针。

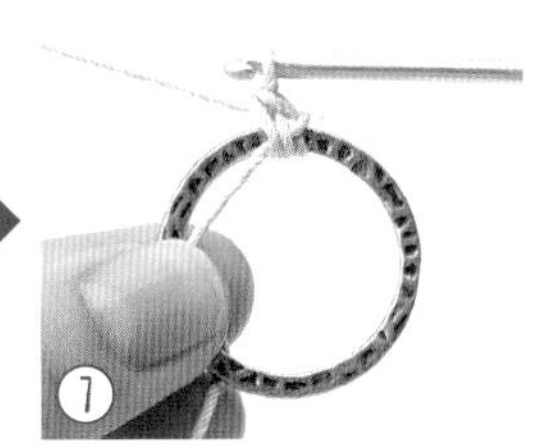

1针短针完成。

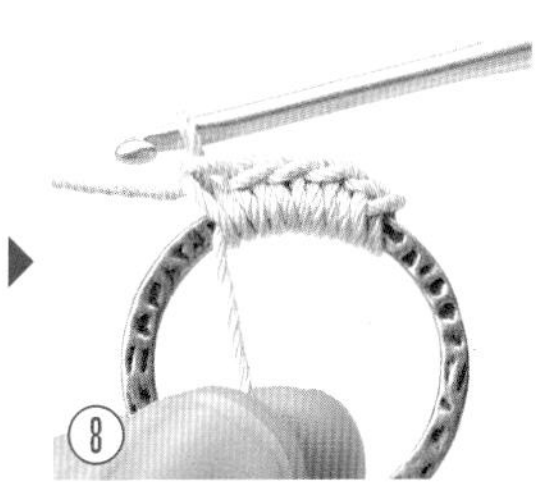

如图，钩织时将圆环包在里面。

钩入串珠 ∞∞ P.60、62

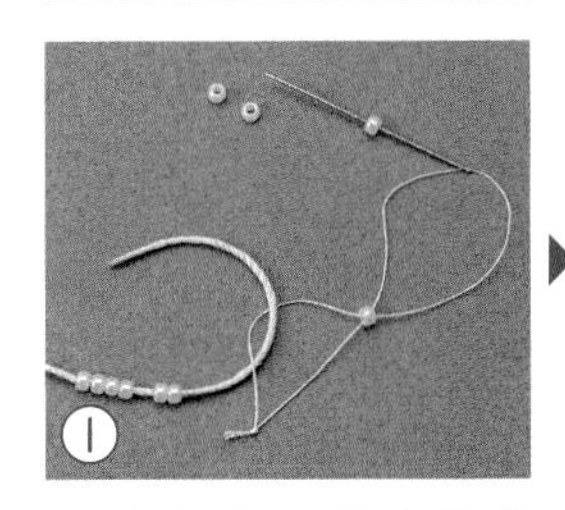

在串珠针上穿入缝线，打结。穿入蕾丝线。从针尖穿入需要数量的串珠。

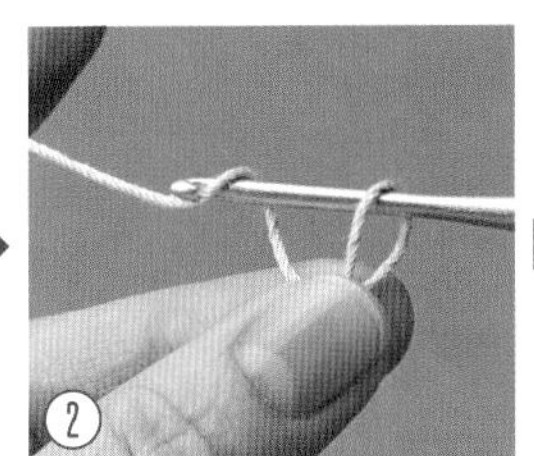

钩织第1个针目（参照环形起针）。在钩针上挂线拉出。

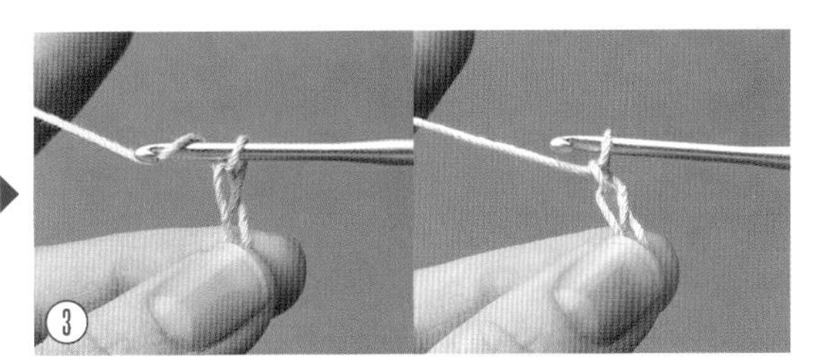

按短针钩织的步骤1挂线引拔后的状态。再次在针上挂线拉出（1针锁针的立针）。

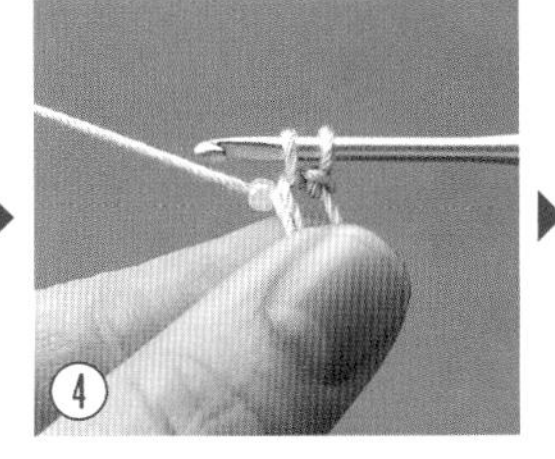

将钩针插入线圈挂线拉出（木完成的短针状态），将串珠移到针目边。

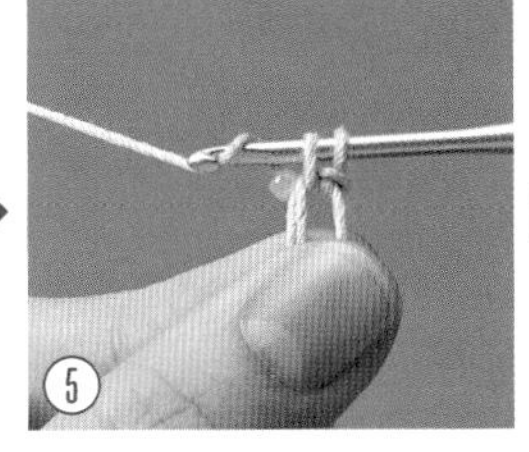

在针头上挂线钩织短针。

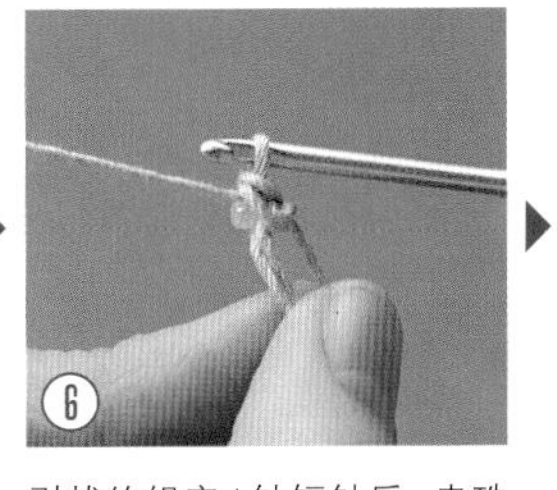

引拔钩织完1针短针后，串珠即被钩入内侧。

钩入6颗串珠后的状态（内侧）。

在钩织的小圆球中塞入棉花 ∞∞ P.52、55、56、66

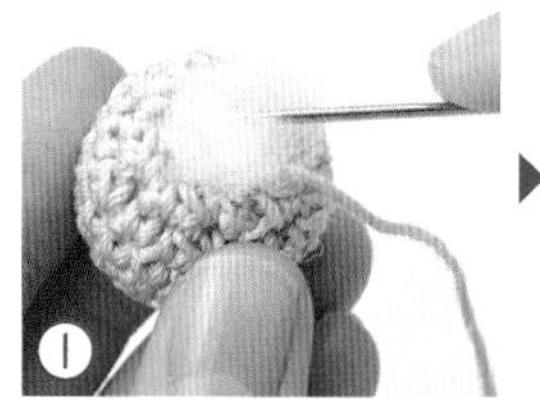

钩织结束后，在洞里塞入棉花。

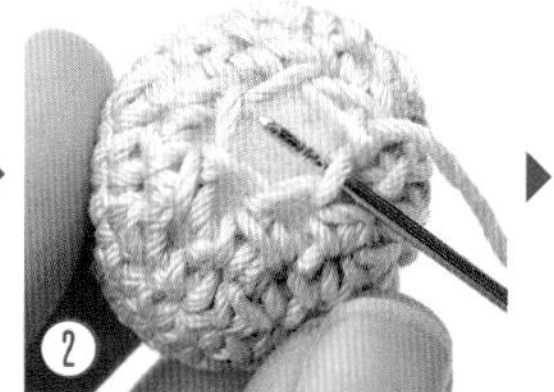

将钩织结束时的线头穿入缝针，用缝针挑取最后6处针目的线。

拉紧线，处理好线头。

长针的狗牙针 ∞∞ P.53

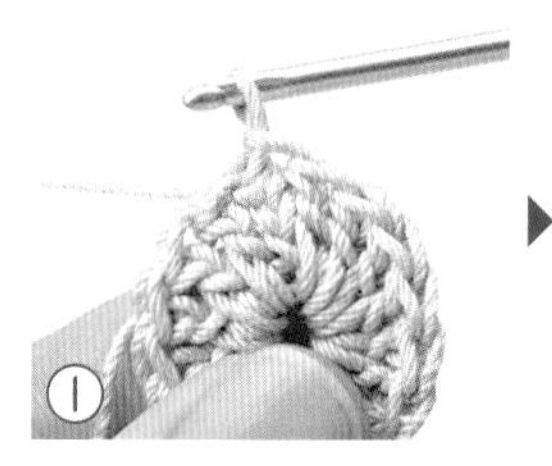

1行长针钩织结束时钩织1针引拔针。

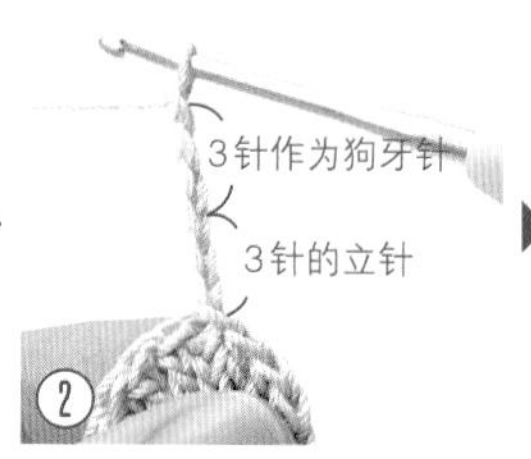

钩织锁针：3针锁针的立针+准备作为狗牙针的3针，共6针锁针。

将钩针插入立针第3针的半针和里山这两根线中。

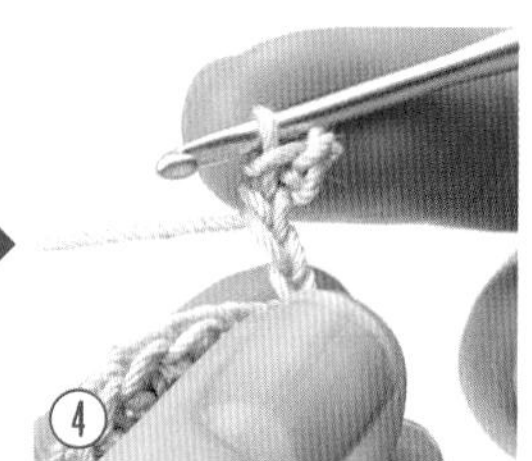

钩织引拔针。

钩织1针锁针后，在前一行的下个针目里钩织长针。

钩织3针锁针，准备作为下一个狗牙针。

将钩针插入长针的针头和针尾的两根线中，钩织引拔针。

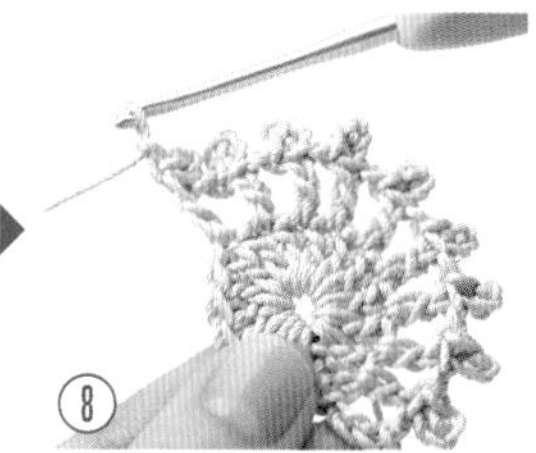

重复以上操作继续钩织。

3针锁针的狗牙针 ∞∞ P.79

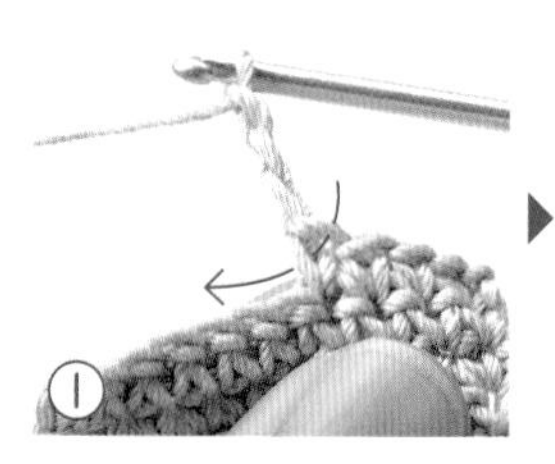

钩织3针锁针。将钩针插入短针针头的半针和尾针的1根线中，共挑取两根线。

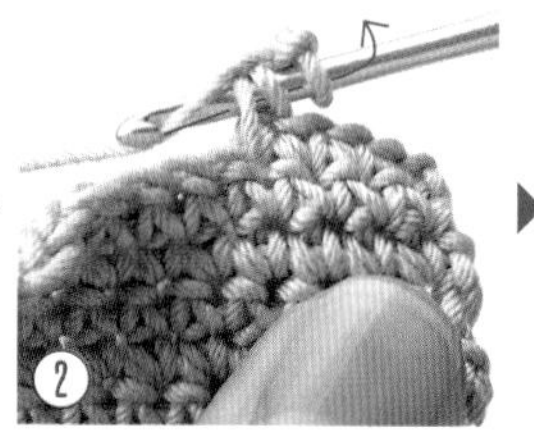

在针头上挂线，一次引拔拉出，稍稍拉紧线。

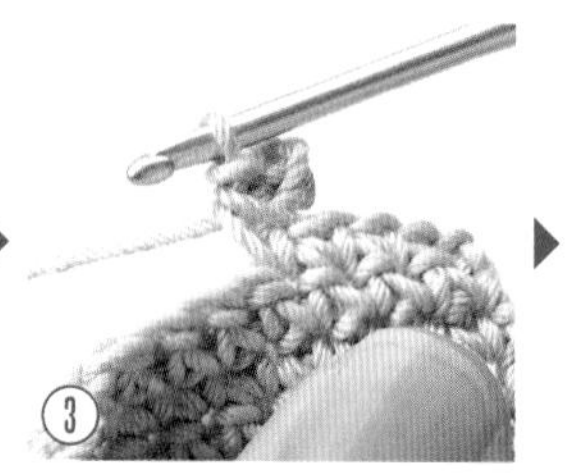

1针狗牙针完成。

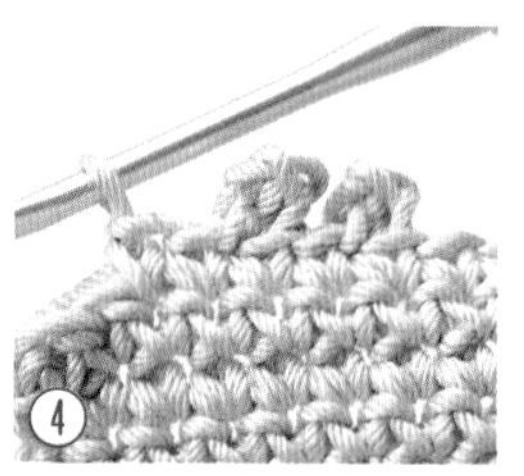

在下一个针目里钩织短针和狗牙针完成的状态。

不对称项链 立体花片 ∞∞ P.58

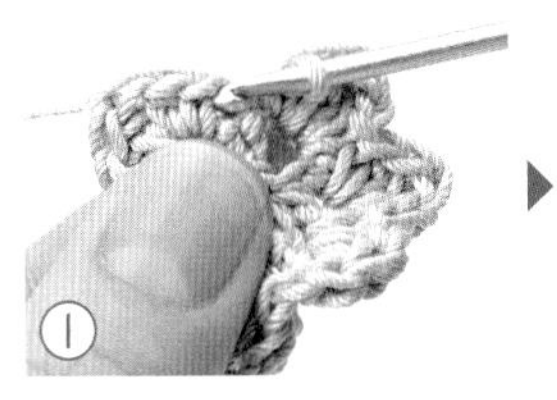

第2行短针钩织结束后，将钩针插入第1个针目里。

钩织引拔针。

引拔完成的状态。

钩织1针锁针作为立针。

从花片第1行的后面插入钩针。

从前面将钩针插入第1行短针的尾针里，再从花片的后面穿出后，在针头上挂线。

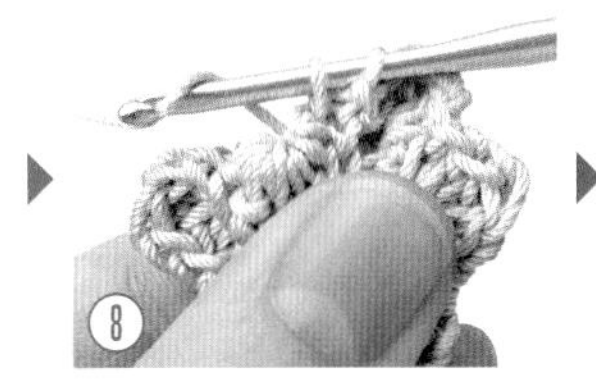

在花片的后面将线拉出，再次在针上挂线钩织短针。

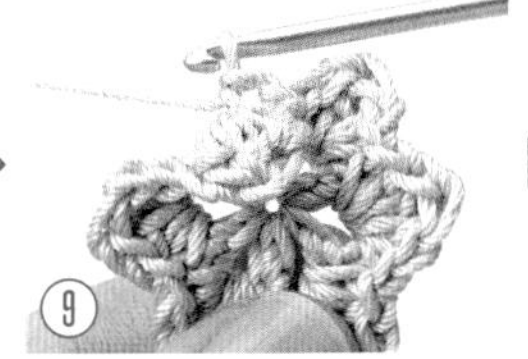

短针完成。

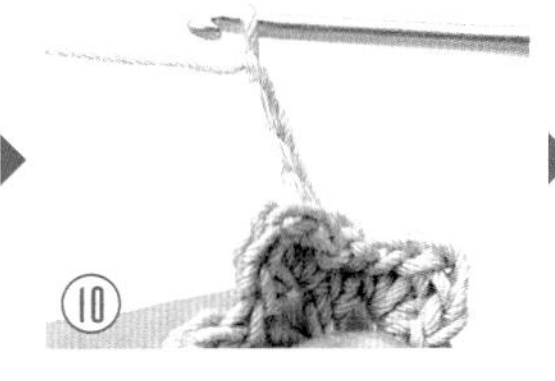

钩织4针锁针。

从花片后面将钩针插入下面两片花瓣的中间。重复步骤⑤～⑩钩织短针和锁针，钩织1圈作为第2层花瓣的基础针。

1圈钩织结束后，在第1针短针的尾针里钩织引拔针。

作为基础针的1圈锁针完成的状态。

钩织1针锁针作为立针。

在前一行的锁针中成束挑起钩织短针。

继续钩织中长针、3针长针、中长针、短针，1片花瓣完成。

钩织1圈后，第2层花瓣完成。第3层、第4层花瓣也用相同的方法按照图解针数重复步骤⑤～⑯继续钩织。

1

蝴蝶胸针

PHOTO … P.6

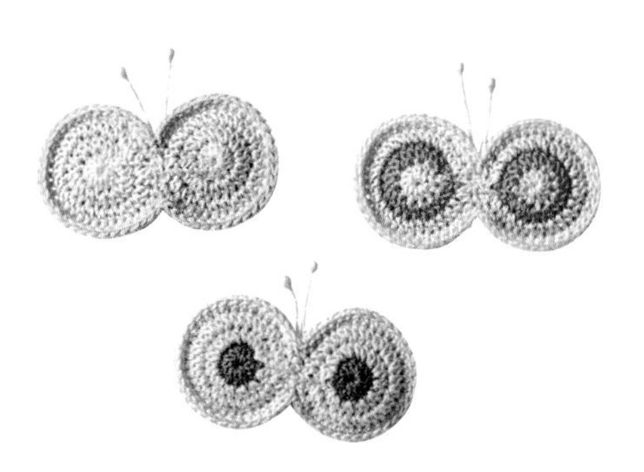

材料

金票

配色	a	b	c	d	e
第1行…1g	810（浅橙色）	521（黄色）	521（黄色）	654（紫色）	383（浅蓝色）
第2行…1g	171（橙色）	101（浅粉色）	364（淡蓝色）	521（黄色）	672（浅紫色）
第3行…1g	364（淡蓝色）	228（草绿色）	672（浅紫色）	364（淡蓝色）	520（柠檬黄色）
边缘编织…1g	521（黄色）	383（浅蓝色）	228（草绿色）	810（浅橙色）	521（黄色）

使用针

蕾丝钩针6号

配件

胸针金属配件…各1个、不织布…适量、人造花蕊…各1根

成品尺寸

2.5cm×4.8cm

钩织方法

1. 环形起针，钩织第1～3行，钩织2个。
2. 用钩织结束时的线将2个花片卷针缝缝合，缝合前将花片的立针都朝向中间放置。
3. 边缘编织时将2个花片一起连着钩织。
4. 将花蕊折成2段，用黏合剂粘贴在背面。
5. 将不织布剪成比编织物小一圈的大小，用黏合剂粘贴在背面。
6. 缝上胸针金属配件。

图解

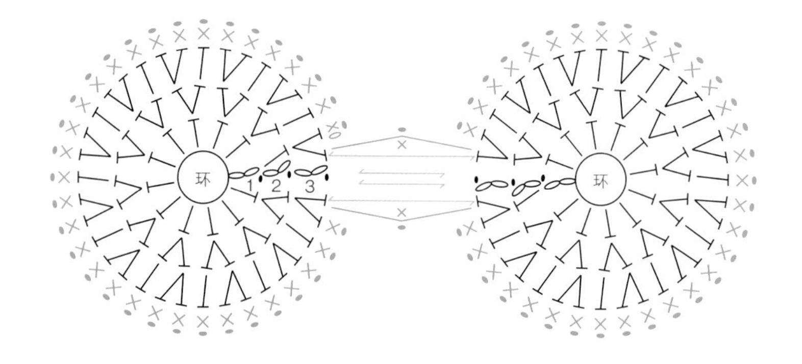

制作要点

将不织布剪成比编织物小一圈的大小，用黏合剂粘贴在背面，然后缝上胸针金属配件。

2

苹果胸针

PHOTO … P.7

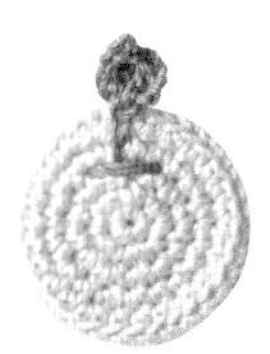

材料

[果实部分]

a. Emmy Grande <Lame> L539（黄色）…2g

b. Emmy Grande <Lame> L111（橙色）…2g

c. Emmy Grande <Herbs> 190（红色）…2g

d. Emmy Grande <Lame> L251（绿色）…2g

e. Emmy Grande <Herbs> 273（草绿色）…2g

[花茎、叶子]

Emmy Grande <Bijou> L744（茶色）…各1g

使用针

蕾丝钩针 0号

配件

胸针金属配件…各1个

成品尺寸

直径3cm

钩织方法

1. 环形起针，钩6针短针，按照图解一边加针一边钩织圆形花片。
2. 在圆形花片上用L744（茶色）线钩织花茎和叶子，并进行绣缝。→参照P.46“钩织技巧”。
3. 再钩1个圆形花片，将2个花片背面相对重叠。用半针卷缝的方法缝合最后1圈。
4. 在背面缝上胸针金属配件。

图解

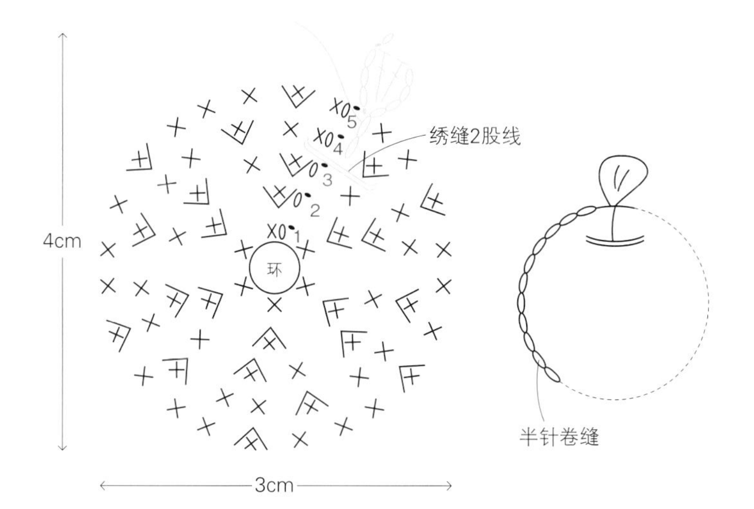

制作要点

在背面缝上胸针金属配件。

3

蕾丝线果实配饰

PHOTO … P.8

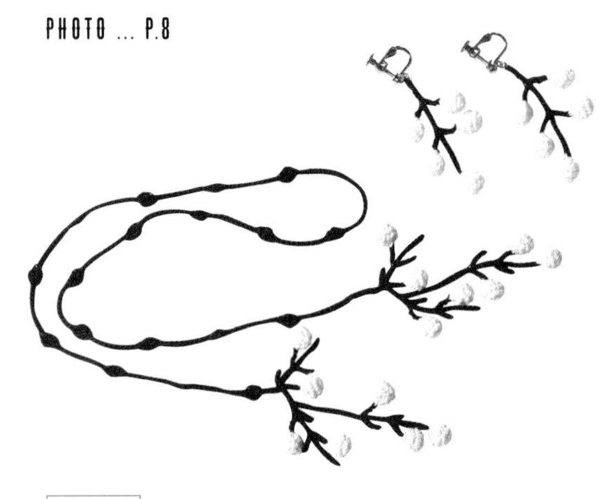

图解

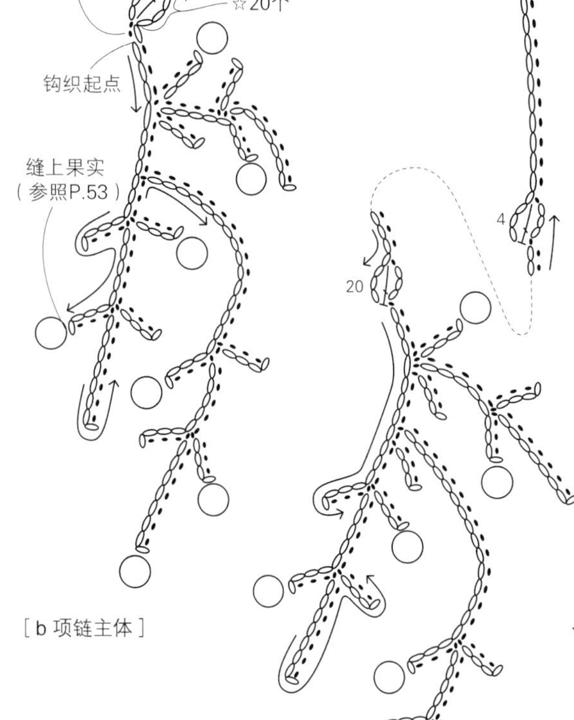

材料

[a 耳环]

金票40号蕾丝线 901（黑色）…1g、802（白色）…1g

[b 项链]

Emmy Grande 901（黑色）…4g、804（白色）…4g

使用针

[a] 蕾丝钩针6号　[b] 蕾丝钩针0号

配件

[a] 直径3mm的小圆环…2个、耳环金属配件（螺旋调节松紧）…1对

成品尺寸

[a] 4.5cm×2.5cm　[b] 长100cm

钩织方法

[a]

1. 主体部分按图解钩织锁针和引拔针。
2. 果实部分环形起针，钩入6针短针，按图解继续钩织。
3. 将20cm左右的同色线塞进果实里，用钩织结束时的线挑取最后一行的针目并拉紧，缝到主体上。
4. 在主体的顶端装上小圆环，然后与耳环金属配件连接。

[b]

1. 按图解钩织主体部分。
2. 钩织14个果实，缝到主体上（参照a耳环步骤2、3）。
→参照P.48“钩织技巧”。

[a、b 果实]

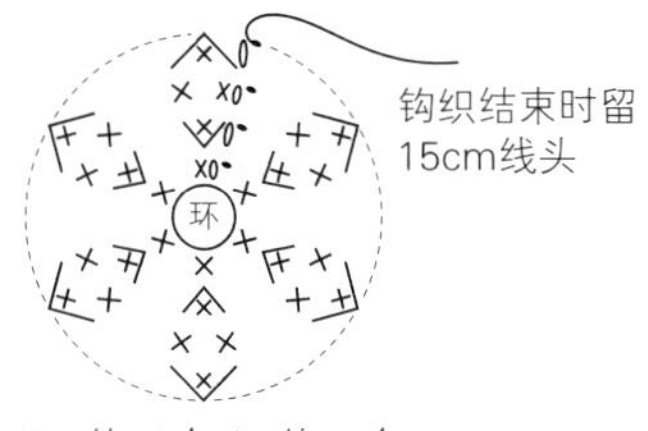

※a：钩10个　b：钩14个

[a 耳环主体]

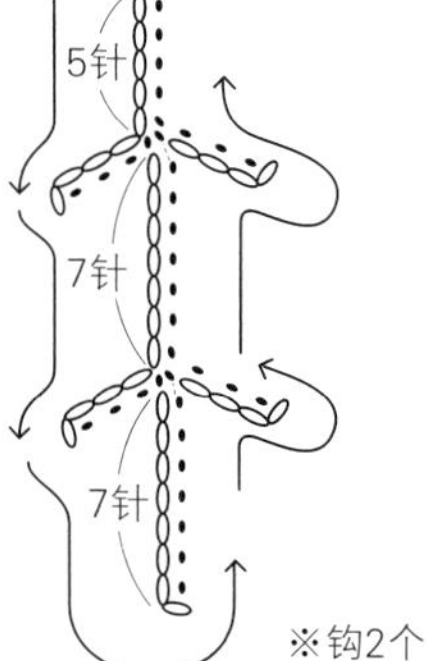

制作要点

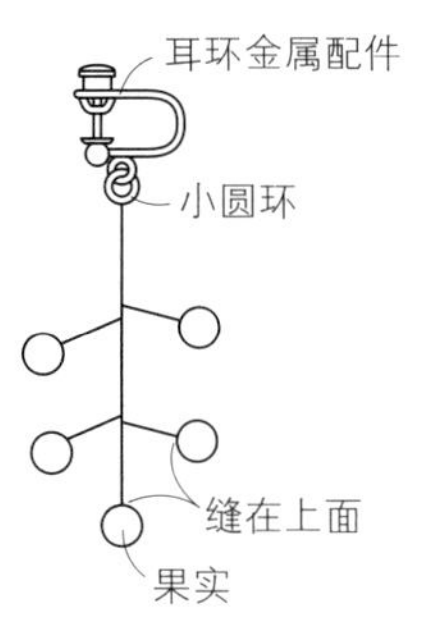

4

蕾丝花片耳环

PHOTO ... P.9

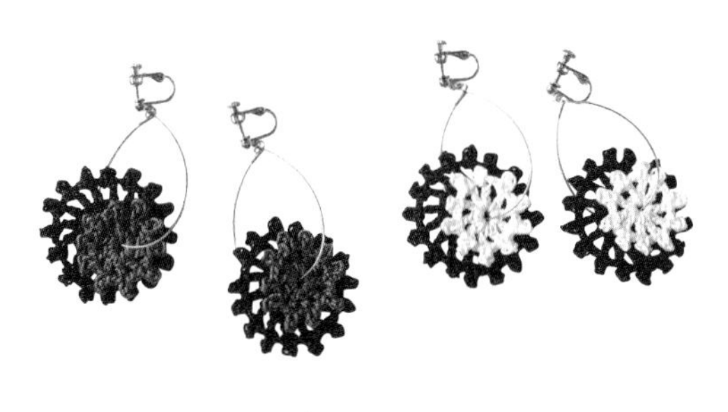

材料

[a]

[大花片]Emmy Grande <Colors> 901(黑色)…2g

[小花片]Emmy Grande <Colors> 355(蓝色)…1g

[b]

[大花片]Emmy Grande <Colors> 901(黑色)…2g

[小花片]Emmy Grande <Colors> 804(白色)…1g

使用针

蕾丝钩针 0号

配件

耳环金属配件…1对、钢丝圈…2个、直径3.5mm的小圆环…2个

成品尺寸

直径4cm

钩织方法

1. 大、小花片都是先钩织5针锁针引拔成环形，再钩织3针锁针作为立针，然后按图解钩织长针。→参照P.48"钩织技巧"。
2. 将大、小花片重叠(不要缝合)，将钢丝圈从花片中心的洞里穿过，用小圆环与耳环金属配件连接。

图解

[大花片 2片]

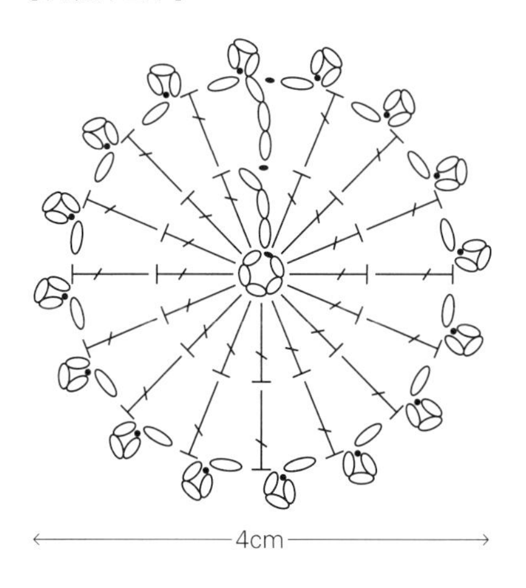

[小花片 2片]

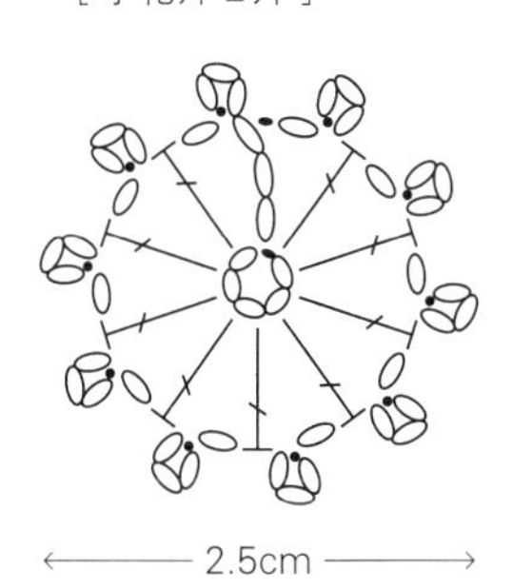

5

水滴形耳环

PHOTO … P.10

材料

[a] 金票40号蕾丝线<Mixed> M14(蓝色)…1g

[b] 金票40号蕾丝线<Mixed> M16(米色系)…1g

[c] 金票40号蕾丝线<Mixed> M15(粉红色系)…1g

[d] 金票40号蕾丝线257(绿色)…1g

[e] 金票40号蕾丝线813(浅灰色)、731(象牙色)…各1g

使用针

蕾丝钩针6号

配件

水滴形金属配件…1对、直径3.5mm的小圆环…2个、耳环金属配件…1对

成品尺寸

[a、b、c]5cm×2.5cm　[d、e]6.5cm×5cm

钩织方法

1. 在水滴形金属配件里钩织。→参照P.47“钩织技巧”。d、e按照“图解d、e”钩织。
2. 将钩织结束时的线头在第1个短针里穿2次，连接成环后处理线头。
3. 用小圆环与耳环金属配件连接。

图解

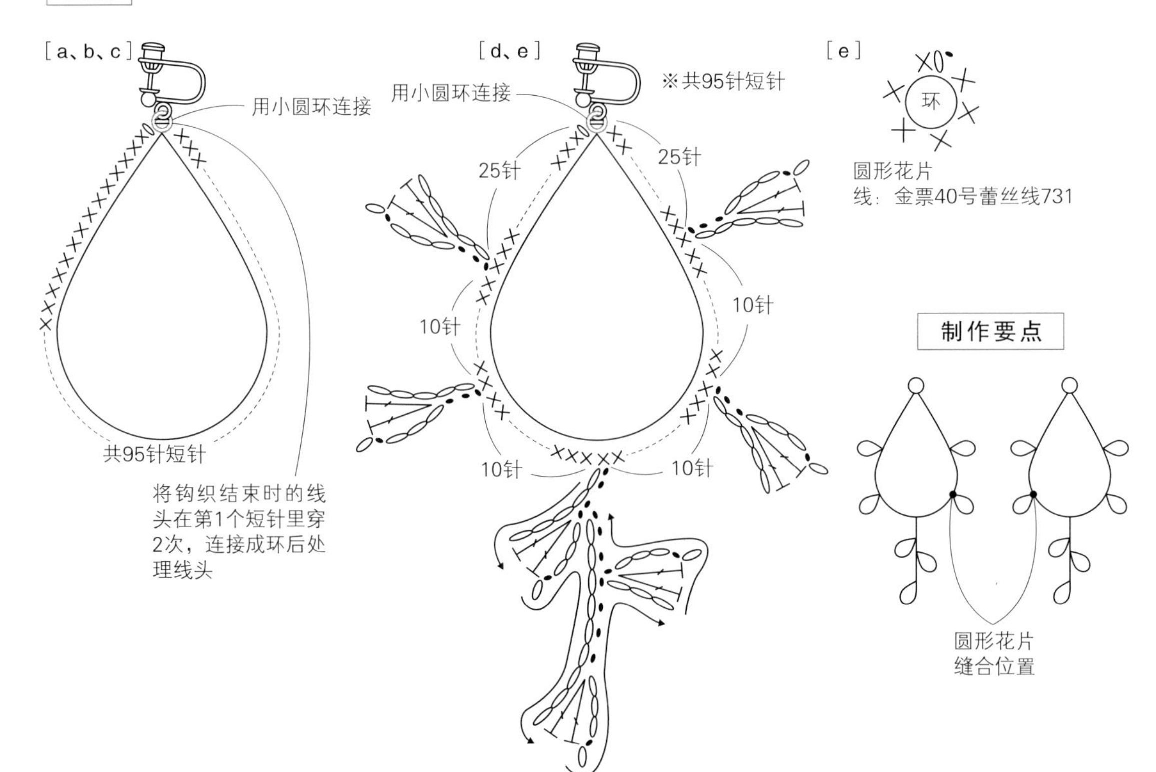

6

马卡龙耳坠

PHOTO ... P.12

材料

[a]金票40号蕾丝线 a色：121（粉红色）

b色：171（橙色）c色：802（白色）…各1g

[b]金票40号蕾丝线 a色：366（蓝色）

b色：232（绿色）c色：802（白色）…各1g

使用针

蕾丝钩针 6号

配件

直径3.5mm的小圆环…4个、2.5cm长的链子…2条、耳环金属配件…1对、棉花…适量

成品尺寸

直径1cm

钩织方法

1. 小圆球用a色蕾丝线环形起针，钩入6针短针。1～4行用a色线钩织。
2. 5～7行用b色线钩织，在里面塞入棉花，挑取最后一行的针目后拉紧。
3. 用c色线在第4行短针的尾针里钩织锁针（1圈锁链绣的效果）。→参照P.46“钩织技巧”。
4. 在小圆球上装上小圆环，再连接链子、小圆环和耳环金属配件。

图解

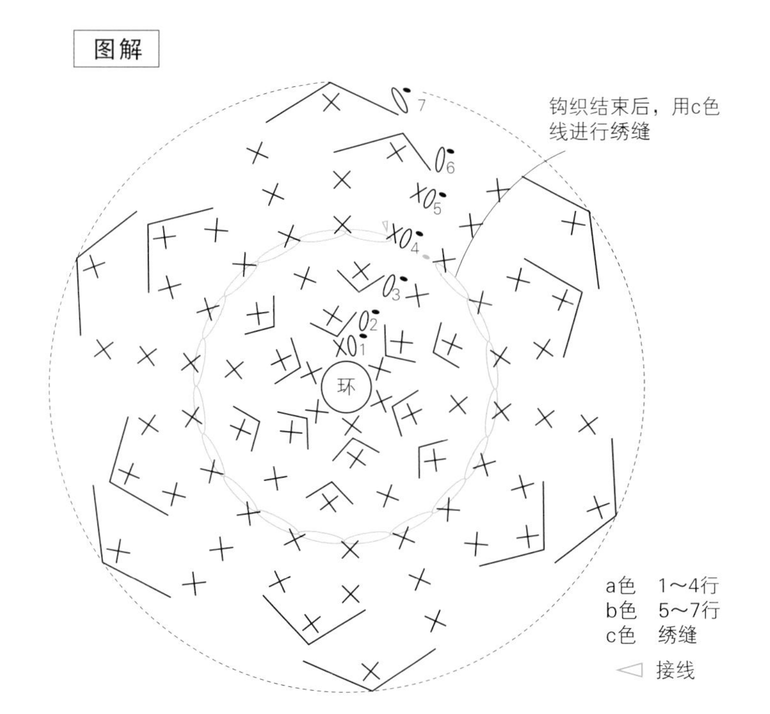

制作要点

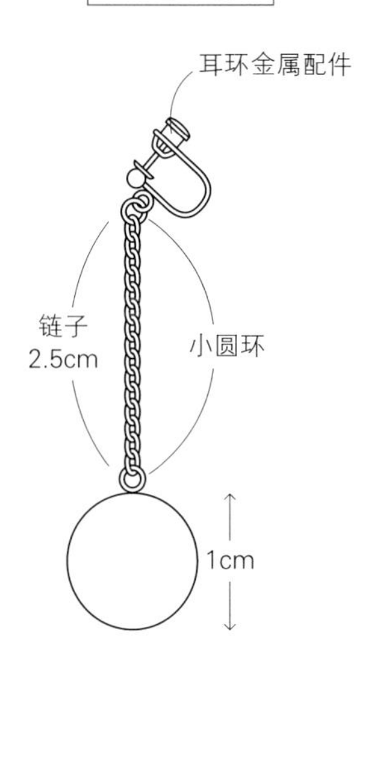

7

果实胸针

PHOTO ... P.13

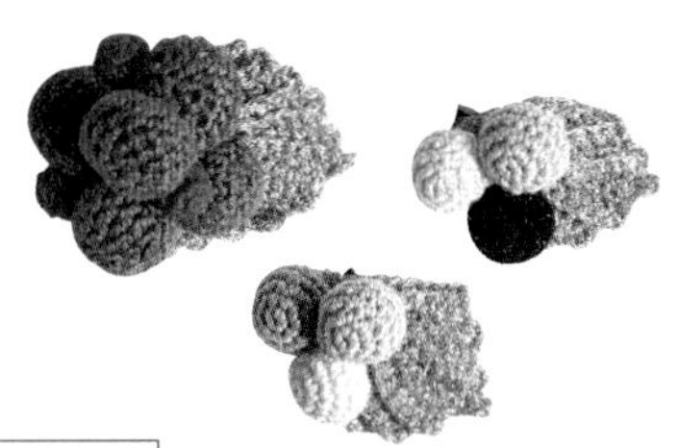

图解

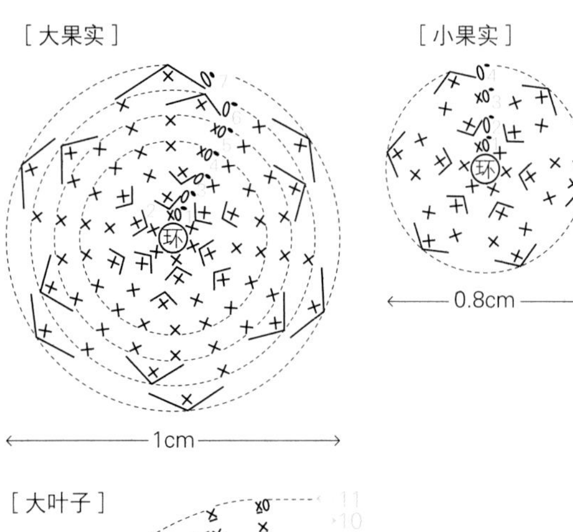

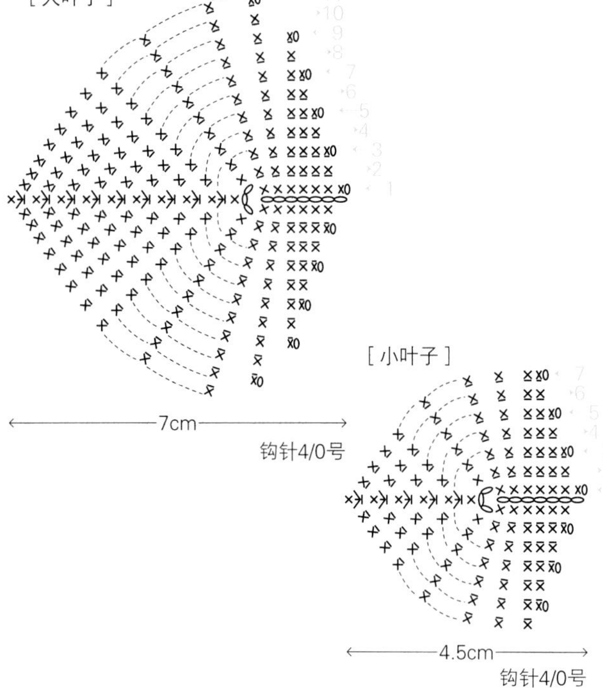

材料

[胸针a、b]

a Emmy Grande <Bijou>

a色：L201（灰蓝色）b色：L805（白色）

c色：L740（米色）…各1g Crystal 1…1g

b Emmy Grande <Bijou>

a色：L805（白色）b色：L901（黑色）

c色：L740（米色）…各1g Crystal 1…1g

[胸针c]

Cotton Cuore <Mix> 58（红色系）…5g

Emmy Grande <Colors> 188（红色）…1g、Crystal 1…3g

使用针

钩针4/0号、蕾丝钩针0号

配件

胸针金属配件

成品尺寸

[a、b]4cm×6cm [c]5.5cm×7cm

钩织方法

[a、b]

1. 使用蕾丝钩针0号，用a、b、c 3种颜色线分别钩织“大果实”。环形起针，钩入6针短针，按图解继续钩织。在里面塞入棉花，挑取最后一行的针目后拉紧。→参照P.48“钩织技巧”。
   如图所示，用钩织结束时的线将3个果实缝在一起。
2. 叶子用Crystal线钩织。钩织7针锁针起针，然后钩织1行短针，第2行开始按图解钩织短针的菱形针。最后与3个果实缝在一起。
3. 在背面缝上胸针金属配件。

[c]

1. 使用钩针4/0号，用Cotton Cuore <Mix>58（红色系）线钩织5个“大果实”。
   使用蕾丝钩针0号，用Emmy Grande <Colors> 188（红色）线钩织3个“小果实”。
2. 如图所示，将果实缝在一起。
3. 钩织叶子。
4. 将叶子和果实缝在一起。在背面缝上胸针金属配件。

制作要点

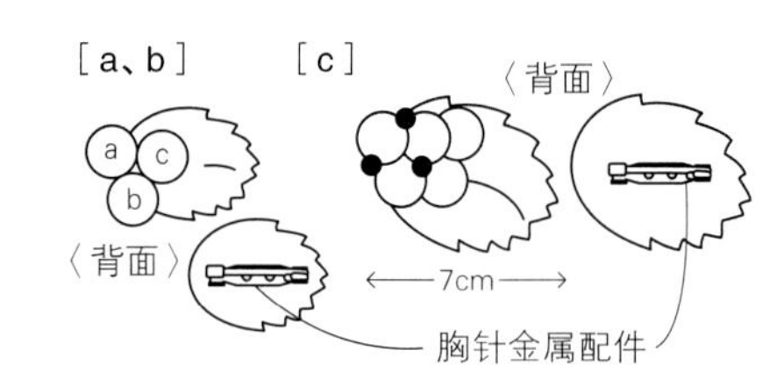

8

小花发带

PHOTO … P.14

材料

Emmy Grande <Colors> 514（深黄色）、734（乳黄色）…各1g

Emmy Grande <Colors> 244（浅绿色）…4g

使用针

蕾丝钩针0号

配件

4mm宽的夹金银丝橡皮筋…24cm

成品尺寸

周长57cm

钩织方法

1. 花a用深黄色线，环形起针，钩入8针短针。第2行用乳黄色线钩织。
2. 花b用深黄色线钩织。
3. 如图所示，钩织"叶子辫"，对折后将两端缝合。
4. 将橡皮筋对折，如图所示，成环的一端穿过叶子辫，另一端在叶子辫的环里打死结（参照图示）。

图解

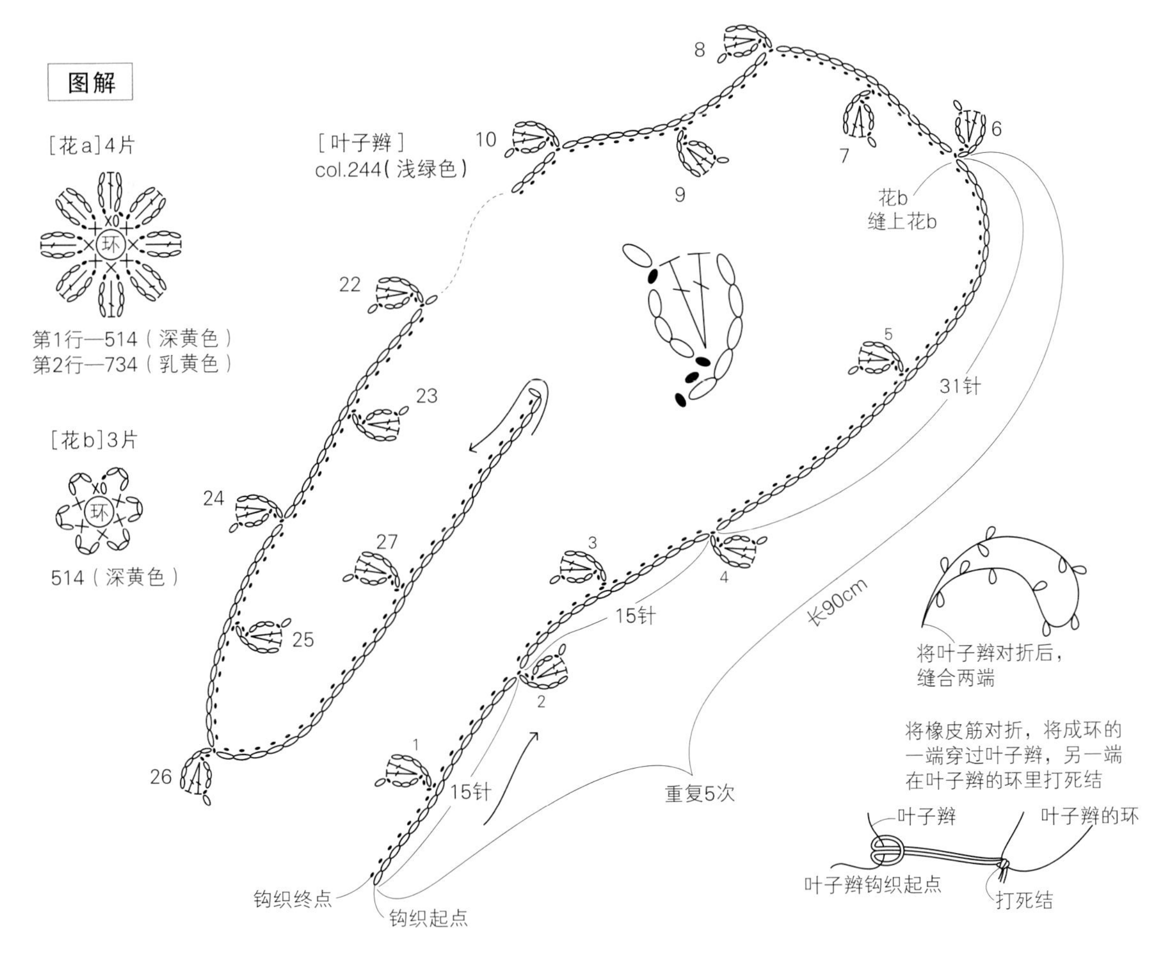

9

不对称项链

PHOTO … P.15

材料

Emmy Grande <Bijou> L805(白色)…9g

Emmy Grande 288(绿色)…2g

使用针

蕾丝钩针0号

配件

手工钢丝线…适量，串珠 大圆珠 No.777(白色)…24颗、No.147(象牙色)…18颗、No.101(透明色)…24颗，直径4mm的小圆环…2个，OT扣…1对，珍珠(奶油色)直径10mm…10颗、直径4mm…6颗

成品尺寸

周长60cm

钩织方法

1. 花片a，环形起针，按图解钩织8行。→参照P.49“钩织技巧”。
2. 花片b，环形起针，钩织花片a的1～4行。
3. 花片c～e，锁针起针后按图解钩织。
4. 使用花片钩织结束时的线，将各个花片进行缝合。
5. 将手工钢丝线穿过花片b的背面，折成双股线穿过串珠，如图所示固定在花片上(参照图示)。
6. 将1m长的L805色线对折，做一个2cm左右的线圈后打2次死结。然后一边打死结固定，一边随意穿入10mm、4mm的珍珠，最后缝在花片上(左右)。
7. 用小圆环装上OT扣。

图解

[花片a]

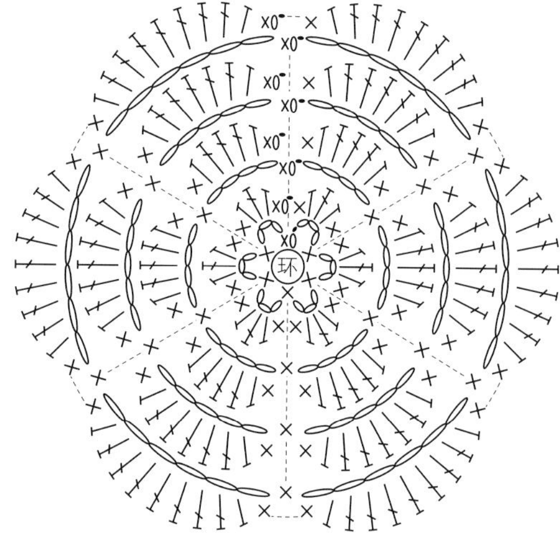

[花片b]

钩织至花片a的第4行 L805：4个

[花片c]

L805：2个

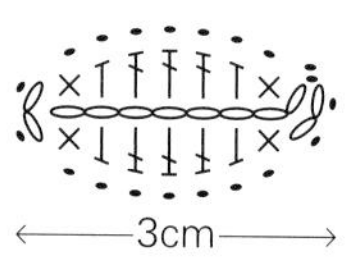

[花片d]

288：2个，L805：1个

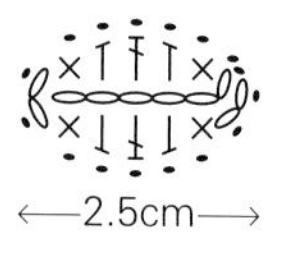

[花片e]

288：1个

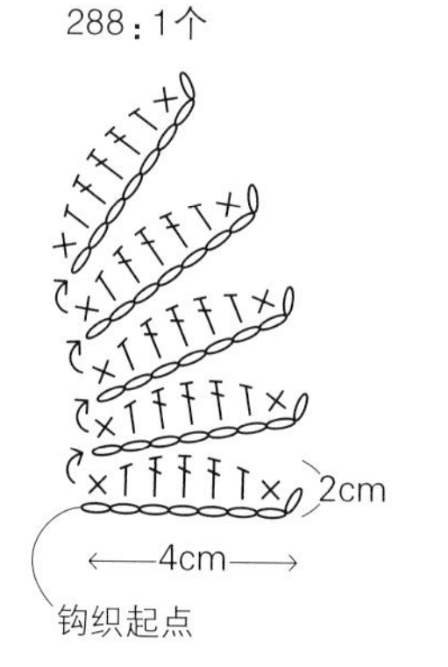

制作要点

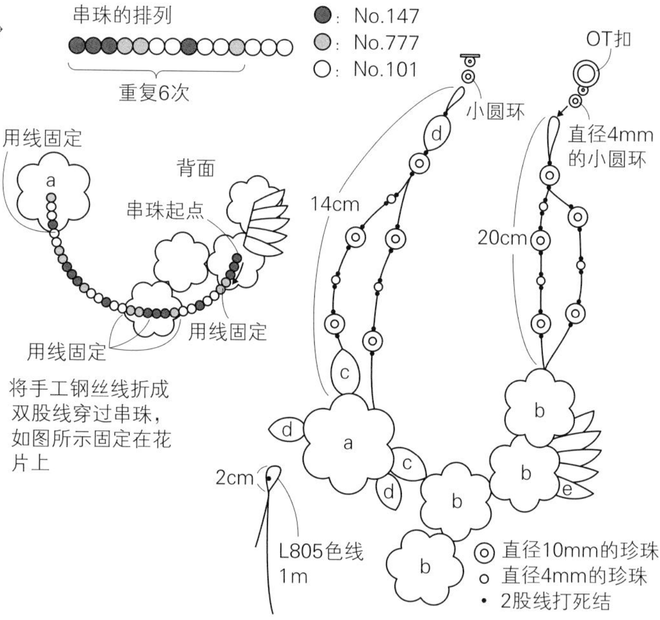

10

简易耳环

PHOTO … P.16

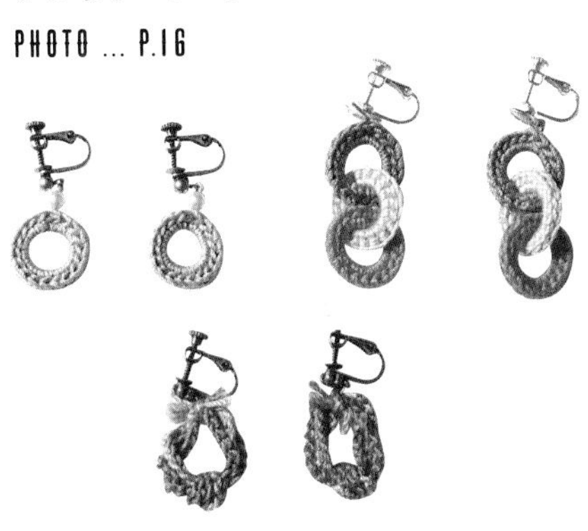

材料

[a 锁针耳环]

Emmy Grande <Colors> 244(浅绿色)、675(紫色)、127(粉红色)、391(蓝色)、731(浅橙色)、172(橙色)…各1g

[b 短针耳环]

Emmy Grande <Colors> 244(浅绿色)、675(紫色)、127(粉红色)、543(黄色)、484(灰色)、801(白色)、391(蓝色)、172(橙色)、731(浅橙色)…各1g

[c 3套环短针耳环]

Emmy Grande <Colors> 127(粉红色)、675(紫色)、244(浅绿色)、801(白色)、543(黄色)、484(灰色)、391(蓝色)、731(浅橙色)、172(橙色)…各1g

使用针

蕾丝钩针 0号

配件

[a] 耳环金属配件…各1对、直径4mm的小圆环…各2个

[b] 耳环金属配件…各1对、直径4mm的珍珠(奶油色)…各2个

[c] 耳环金属配件…各1对、直径4mm的小圆环…各2个

成品尺寸

[a] 直径1.8cm ［ b ］2cm × 1.8cm ［ c ］4cm × 1.8cm

钩织方法

[a]

1. 用3条线（3色）分别钩织25针锁针。
2. 将3条锁针链合在一起，在中间打结，两端合拢成环后打2次死结。留1cm左右线头将其剪断。
3. 在死结上装上小圆环，再与耳环金属配件连接。

[b]

1. 钩织10针锁针起针，在第1针中引拔成环形。
2. 钩织1针锁针作为立针，在锁针环中钩织18针短针，再继续钩织1圈引拔针。
3. 用钩织结束时的线穿过珍珠、耳环金属配件，再次穿过珍珠，回到编织物后处理线头。

[c]

1. 钩织10针锁针起针，在第1针中引拔成环。
2. 钩织1针锁针作为立针，在锁针环中钩织18针短针，再继续钩织1圈引拔针。
3. 第2个环：钩织10针锁针，穿过第1个环后在第1针锁针中引拔成环。接下来与第1个环同样钩织。
4. 第3个环：钩织10针锁针，穿过第2个环后在第1针锁针中引拔成环。接下来与第2个环同样钩织。

图解

[a 锁针耳环]

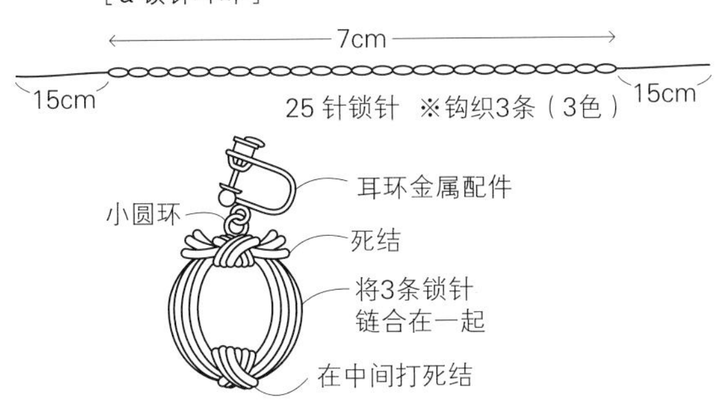

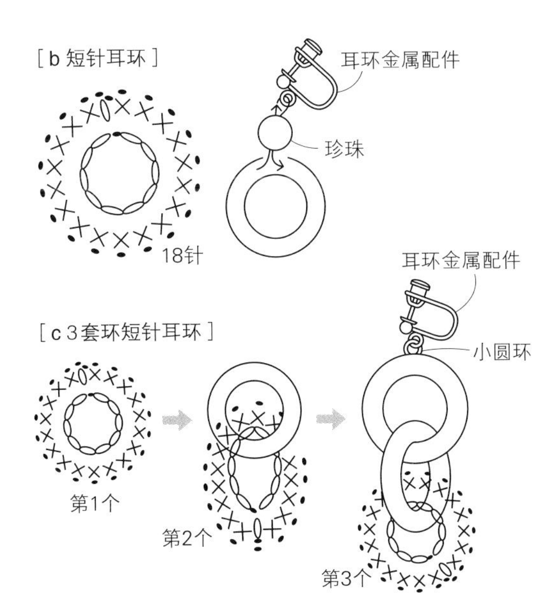

11

覆盆子胸针

PHOTO ... P.18

材料

Emmy Grande 238（绿色）…4g、804（白色）…1g、521（黄色）…1g、192（红色）…2g

使用针

蕾丝钩针 0号

配件

安全别针…1个、串珠 小圆珠 331（红色）…180颗、棉花…适量

成品尺寸

9cm×6.5cm

钩织方法

1. 叶子，环形起针，按图解钩织（3片）。
2. 小花用黄色线环形起针，按图解钩织前3行，第4行用白色线钩织。
3. 果柄按图解钩织10针锁针起针（2根）。
4. 果实，预先在线中穿入90颗串珠，环形起针，一边钩入串珠，一边按图解钩织条纹针。在里面塞入棉花，挑起最后一行的针目后拉紧。→参照P.47“钩织技巧”。
5. 萼片，环形起针，按图解钩织（2个）。
6. 如图所示缝合所有花片，然后在背面缝上别针。

图解

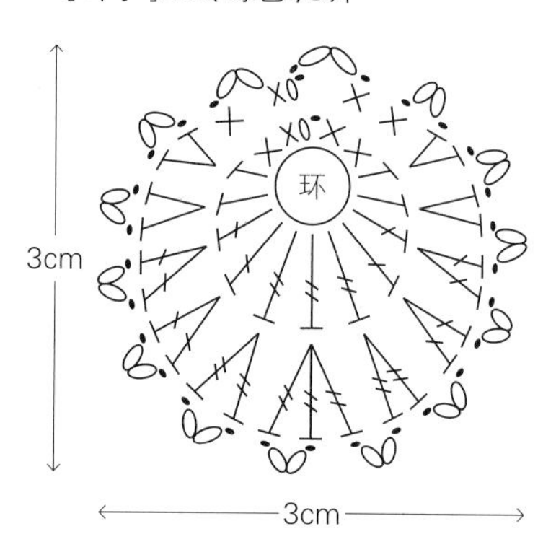

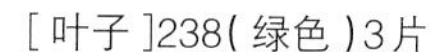

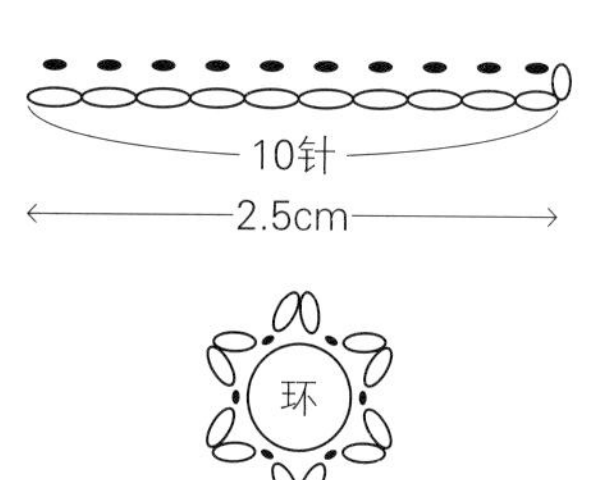

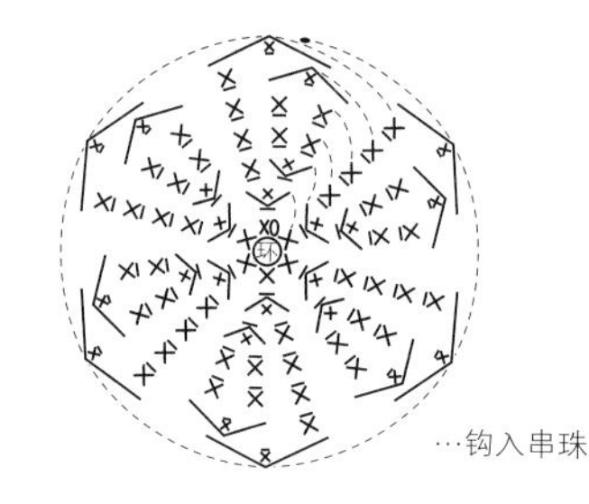

制作要点

12

心形花片眼镜绳

PHOTO … P.19

材料

Emmy Grande <Colors> 188（红色）…4g

使用针

蕾丝钩针0号

配件

孖圈…2个、眼镜固定扣…2个

成品尺寸

长100cm

钩织方法

1. 按图解，一边钩织锁针，一边在中间钩织30个心形花片。
2. 在两端缝上孖圈，然后再装上眼镜固定扣。

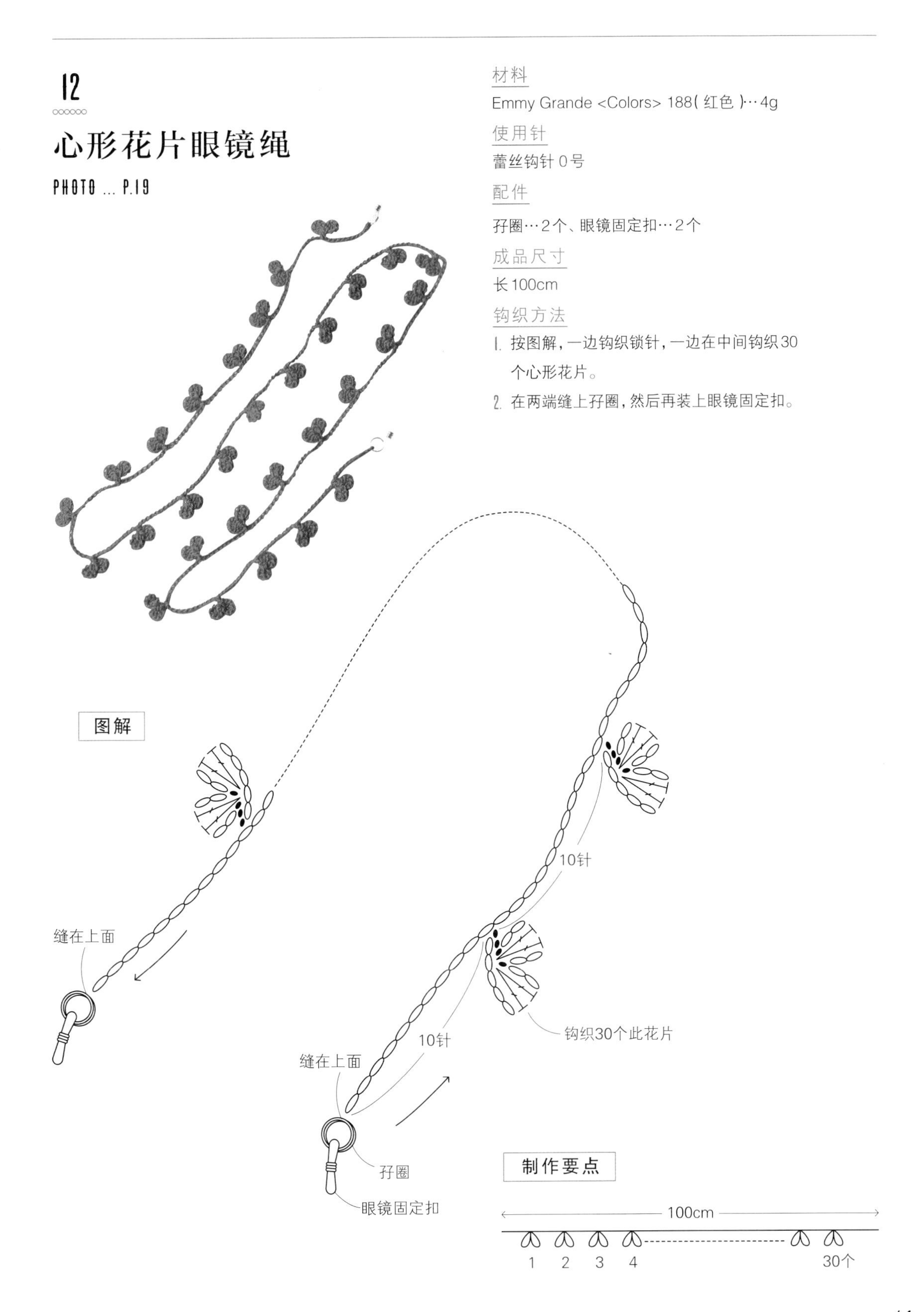

13

五彩糖果耳环、挂饰

PHOTO ... P.20

材料

[a、b、c 耳环]金票40号蕾丝线 654(紫色)、521(黄色)、171(橙色)、802(白色)…各1g

[d 挂饰]Emmy Grande <Herbs> 252(薄荷色)、600(浅紫色)、560(蛋黄色)…各2g

Emmy Grande <Colors> 172(橙色)…2g

Emmy Grande <Colors> 804(白色)…1g

使用针

[a、b、c]蕾丝钩针6号 [d]蕾丝钩针0号

配件

[a、b、c] 串珠 小圆珠PF21(透明色)…180颗(90颗×2)、耳环金属配件(螺旋调节松紧)…1对、直径3.5mm的小圆环…2个、2.5cm长的链子…4根

[d]孖圈…4个、手提包挂链…1根、棉花…适量、串珠 中号圆珠PF21(透明色)…360颗(90颗×4颗糖果形串珠)

成品尺寸

[a、b、c]1.5cm×3.5cm [d]2cm×4.5cm

钩织方法

[a、b、c]

1. ①,预先在线中穿入90颗串珠,环形起针,一边钩入串珠一边钩织短针。从第2行开始,一边钩入串珠一边钩织条纹针。在里面塞入棉花,挑取最后一行的针目后拉紧。
2. ②,用与①相同颜色的线钩织第1、2行。第3行用白色(802)线钩织。
3. 缝合①和②。
4. 如图所示,装上小圆环,连接糖果形串珠、链子和耳环金属配件。

[d]

1. ①,预先在线中穿入90颗串珠,环形起针,一边钩入串珠一边钩织短针。从第2行开始,一边钩入串珠一边钩织短针的条纹针。在里面塞入棉花,挑取最后一行的针目后拉紧。
2. ②,用与①相同颜色的线钩织第1、2行。第3行用白色(804)线钩织。
3. 缝合①和②。
4. 钩织4颗糖果形串珠,分别用孖圈装到手提包挂链上。

图解

[糖果]

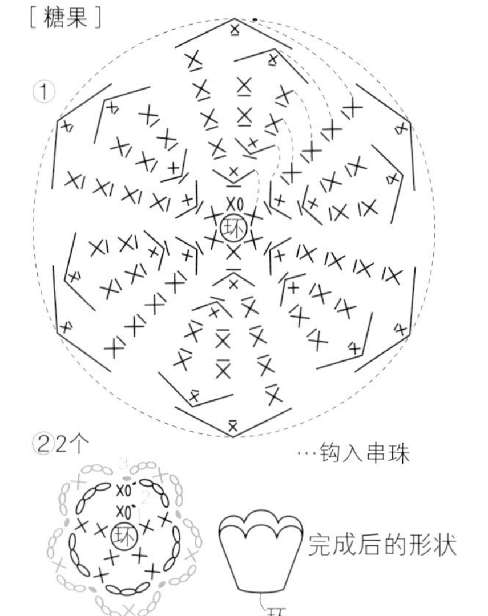

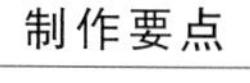

制作要点

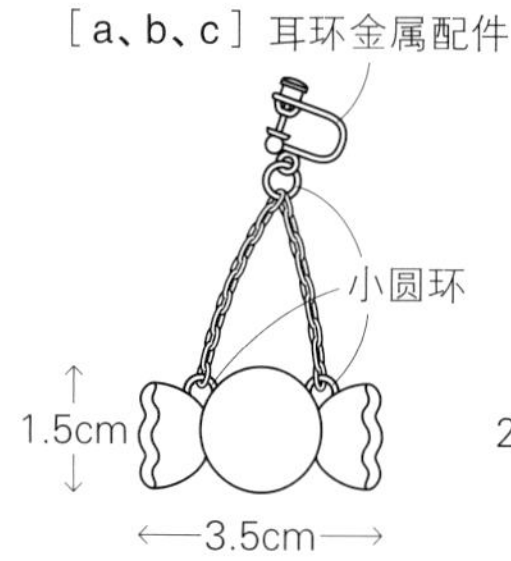

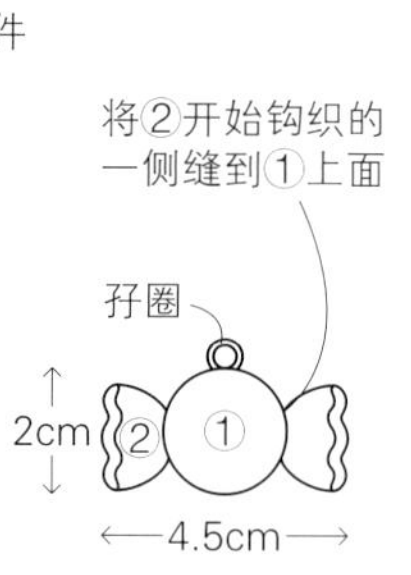

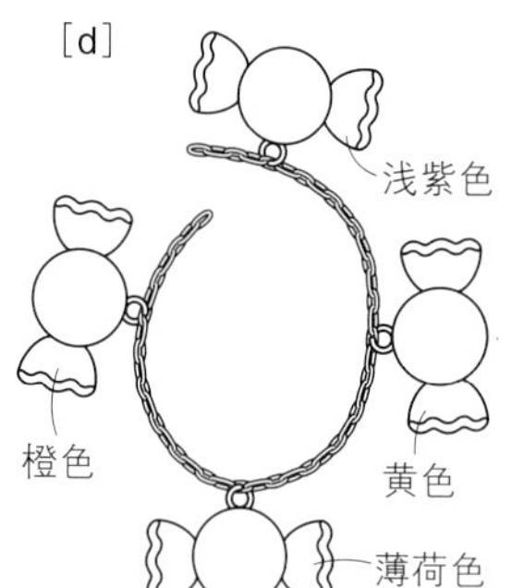

14

圆环项链、圆环耳环

PHOTO … P.23

材料

[a 圆环项链]Emmy Grande 357(深蓝色)…9g

[b 圆环耳环]Emmy Grande 357(深蓝色)…1g

使用针

蕾丝钩针 0号

配件

[a]塑料圆环 内径18mm…9个、丝带…1m

[b]塑料圆环 内径15mm…2个、耳环金属配件…1对、直径4mm的小圆环…2个、4cm长的链子…2条、串珠 小圆珠999(染芯幻彩系列黑钻)…72颗

成品尺寸

[a]外周长75cm、内周长60cm [b]直径3.5cm

钩织方法

[a]

1. 在塑料圆环中钩织42针短针，在第1个短针里钩织引拔针。第2行按图解钩织花样。
2. 第2个圆环开始，一边钩织第2行的网眼针一边与前一个圆环连接。花片的连接方法参照P.77。连接中心花片时，要改变连接的位置。

[b]

1. 首先，在线中穿入串珠。
2. 在塑料圆环中钩织36针短针，在第1个短针里钩织引拔针。第2行改变钩织方向，一边在锁针里钩入串珠一边按照图解钩织花样。串珠凸出的一面作为正面。→参照P.47“钩织技巧”。
3. 在小圆环中装上链子，再与耳环金属配件连接。

图解

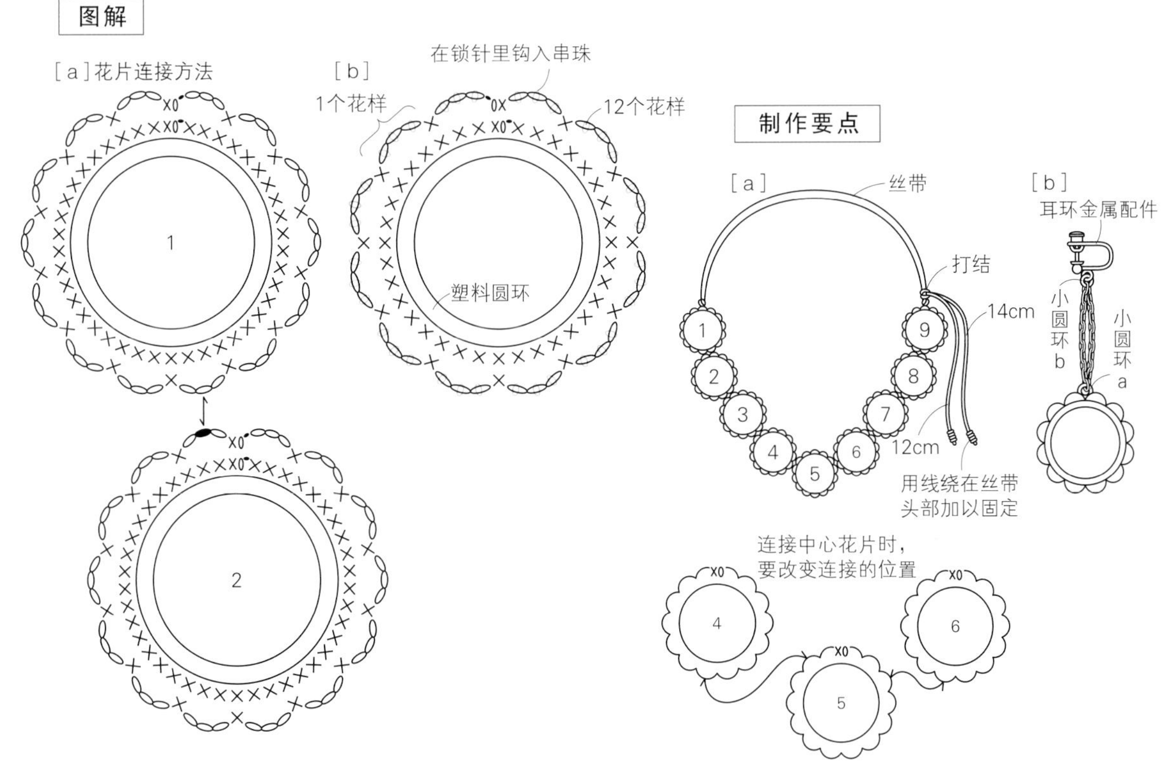

15

插梳、发带式插梳

PHOTO … P.24

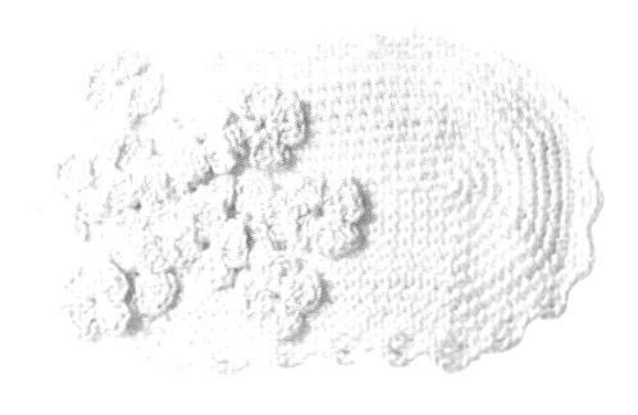

材料

[a 插梳] Emmy Grande 318（藏青色）…2g

Emmy Grande <Mixed> M3…2g

[b 发带式插梳] Emmy Grande <Lame> L804（象牙色）…6g

Emmy Grande <Mixed> M3…3g

使用针

蕾丝钩针 0号

配件

[a] 发梳 6cm…1个

[b] 厚纸、不织布、发梳 7.5cm…各1片（个）

成品尺寸

[a] 3.5cm×6cm [b] 7cm×13cm

钩织方法

[a]

1. 用藏青色（318）线钩织10针锁针起针，按图解钩织1圈短针。按图解，在织片的左右两边一边加针一边钩织。
2. 继续钩织边缘。
3. 钩织4朵小花花片，缝在主体合适的位置。在背面用卷针缝缝上发梳。

[b]

1. 用象牙色（L804）线钩织20针锁针起针，与插梳一样按图解钩织。
2. 钩织13朵小花花片，缝在主体合适的位置。
3. 将厚纸、不织布剪成椭圆形，将不织布粘贴在厚纸上。厚纸一面对着织片，用缝线缝合不织布和织片。
4. 用缝线将发梳缝在不织布上。

图解

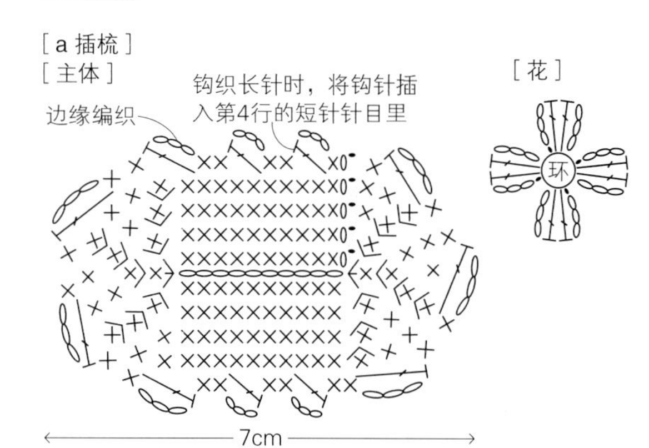

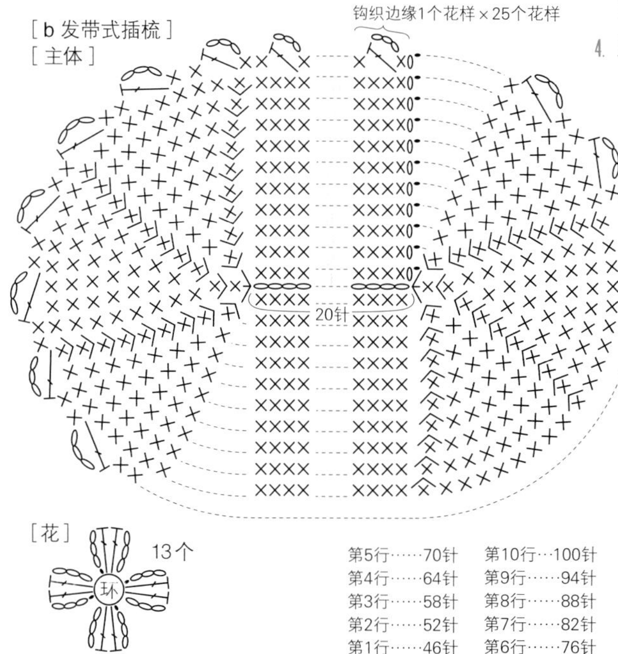

制作要点

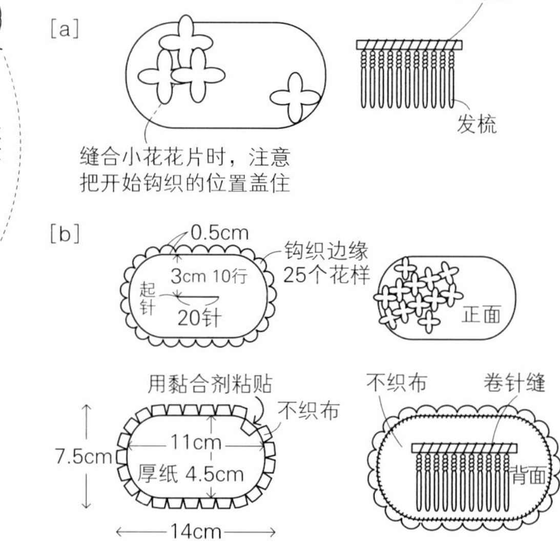

16

自然卷花边饰品

PHOTO … P.25

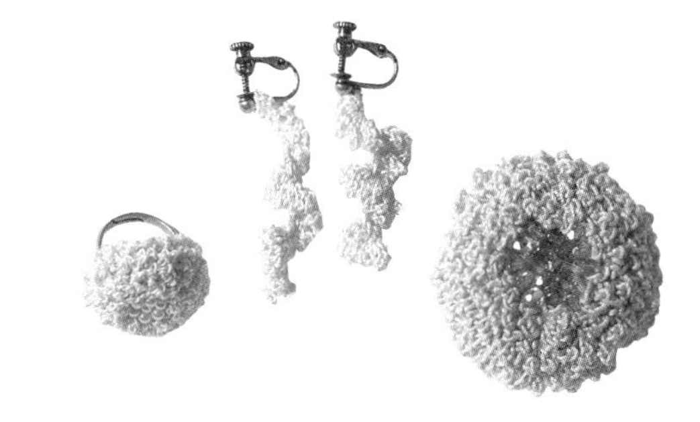

材料

[a 戒指]金票40号蕾丝线 731(象牙色)…2g

[b 耳环]金票40号蕾丝线 731(象牙色)…1g

[c 胸花]Emmy Grande 160(灰粉色)、162(淡粉色)、161(浅橙色)…各2g

使用针 [a、b]蕾丝钩针 6号 [c]蕾丝钩针 0号

配件

[a]戒指(粘贴式)…1个、珍珠 直径3mm…7颗

[b]直径3.5mm的小圆环…2个、耳环金属配件(螺旋调节松紧)…1对

[c]捷克火磨抛光珠 4mm(粉紫色)…19颗、金属圆盘胸针…1个

成品尺寸

[a]直径3cm、厚0.8cm

[b]4cm×1.2cm

[c]直径5.5cm、厚1.5cm

钩织方法

[a]

1. 钩织60针锁针起针，按图解继续钩织。正面朝外一圈一圈往内卷，在第1行的短针处缝合成圆形。
2. 在中间用线缝上7颗珍珠。
3. 用黏合剂粘贴到戒指金属配件的戒台上。

[b]

1. 钩织15针锁针起针，按图解继续钩织。
2. 用小圆环装上耳环金属配件。

[c]

1. 用灰粉色(160)线钩织90针锁针起针，钩织1行短针。第2行按图解一边配色一边钩织。如图所示，钩织完成后正面朝外一圈一圈往内卷起并缝合。
2. 在中间缝上串珠，用黏合剂将金属圆盘胸针粘贴在背面。

图解

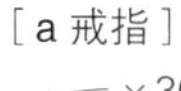

[a 戒指]

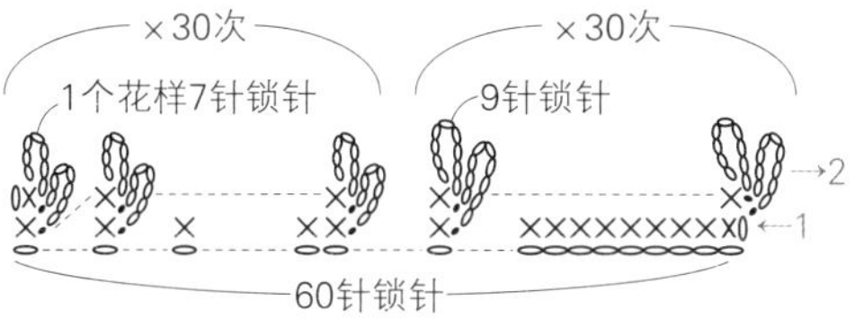

[c 胸花]

col.160
col.162
col.161
7针锁针
8针锁针
9针锁针
→2
←1
25针锁针
30针锁针
35针锁针
col.160
起针 90针锁针
→从这边卷
◁ 接线
◀ 断线

[b 耳环]

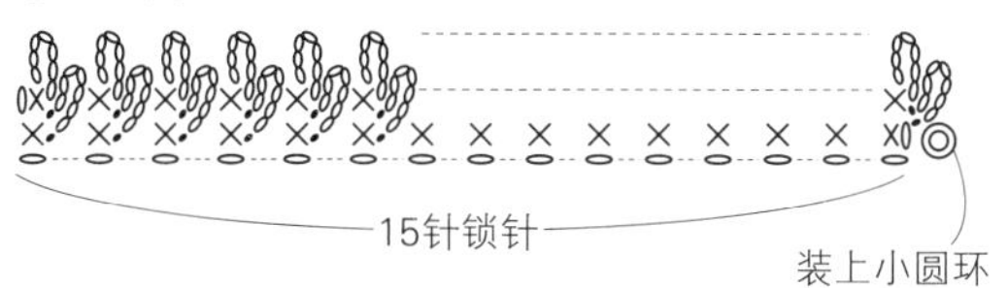

制作要点

[a] [b] [c]

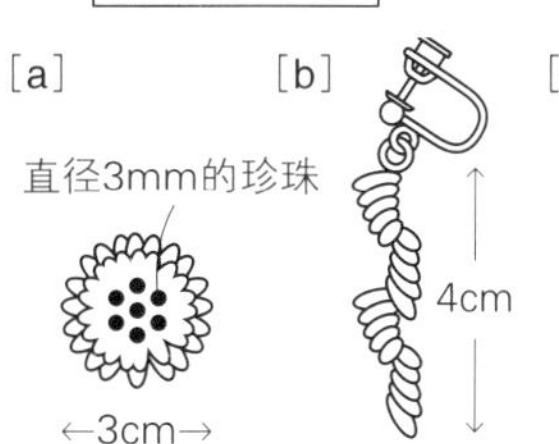

17

褶边小球饰品

PHOTO ... P.26

材料

［a 耳环］金票40号蕾丝线 802（白色）…1g

［b 手链］金票40号蕾丝线 802（白色）…2g、445（灰色）…1g、741（米色）…1g

使用针

蕾丝钩针 6号

配件

［a］耳环金属配件（螺旋调节松紧）…1对、2.5cm长的链子…2条、直径3.5mm的小圆环…4个

［b］调节链＋龙虾扣组件…1对、直径3.5mm的小圆环…6个

成品尺寸

［a］直径1.5cm

［b］长15.5cm

钩织方法

［a］

1. 环形起针，钩入6针短针。从第2行开始，按图解钩织短针的条纹针。
2. 在里面塞入棉花，挑取最后一行的针目后拉紧。→参照P.48“钩织技巧”。
3. 在条纹针针头的一根线里钩织褶边。从小球钩织终点处开始钩织褶边，按图解钩织到小球的钩织起点为止。

［b］

1. 褶边小球的钩织方法与耳坠相同。
2. 花边用灰色（445）线钩织79针锁针起针，用米色（741）线钩织第1行。
3. 如图所示，用小圆环连接褶边小球和花边，再装上调节链和龙虾扣。

图解

［a、b 褶边小球］

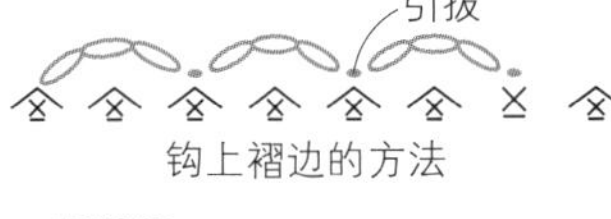

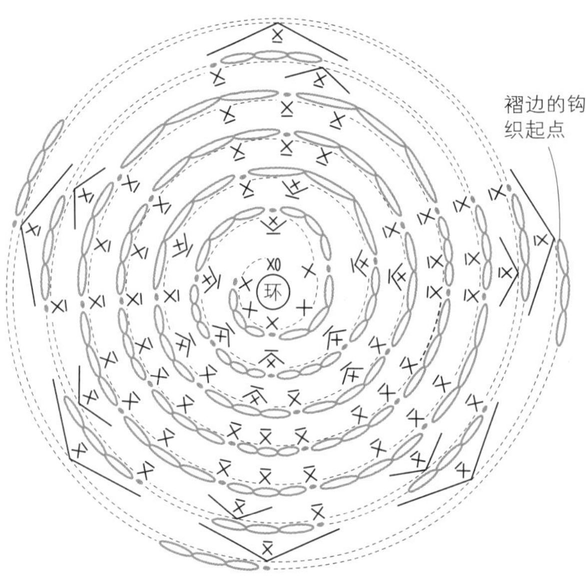

［b 花边］

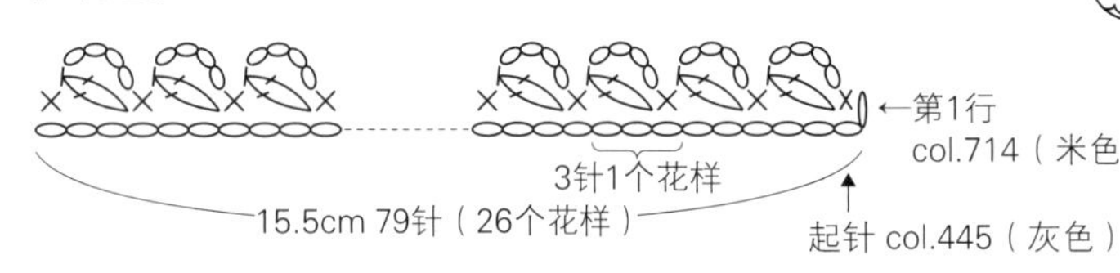

制作要点

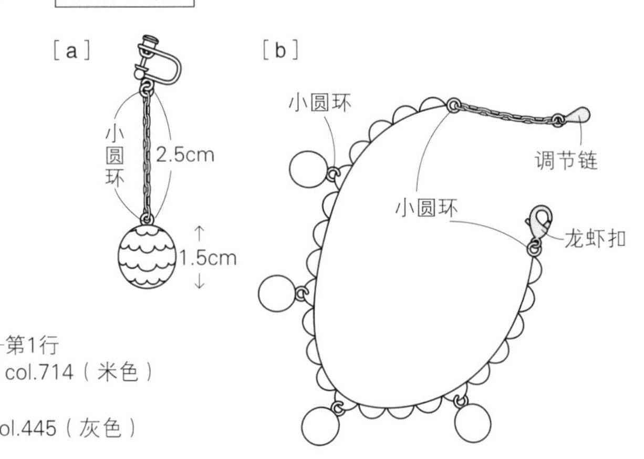

18

花片饰品

PHOTO … P.27

材料

[a 耳环] Emmy Grande <Herbs> 582(深黄色)… 1g

Emmy Grande 810(米色)… 1g

[b 别针式胸针] Emmy Grande <Herbs>582(深黄色)… 2g

Emmy Grande 810(米色)… 1g

Emmy Grande 238(绿色)… 1g

使用针

蕾丝钩针 0 号

配件

[a] 耳环金属配件(粘贴式)… 1 对

[b] 胸针金属配件… 1 个

成品尺寸

[a] 直径3cm　[b] 5cm × 7cm

钩织方法

[a]

1. 花片用深黄色线环形起针，钩入12针短针。第2行用象牙色线按图解钩织。
2. 用黏合剂粘贴到耳环金属配件上。

[b]

1. 钩织花片。
2. 按图解用绿色线钩织叶子。
3. 用钩织结束时的线将花片(1、2、3)和叶子如图所示重叠缝好。
4. 用黏合剂粘贴到胸针金属配件上。

图解

[花]

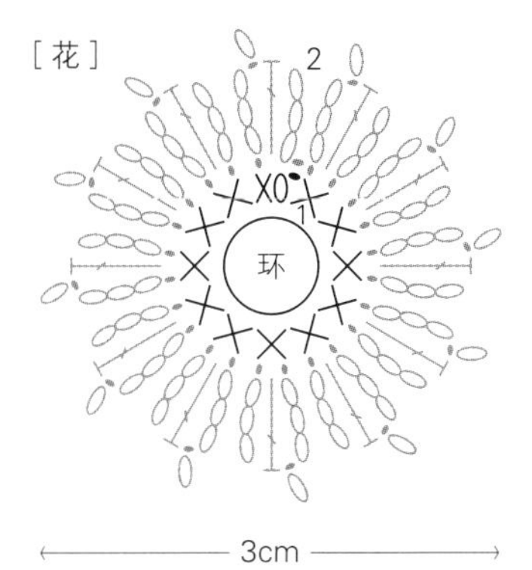

[叶子]

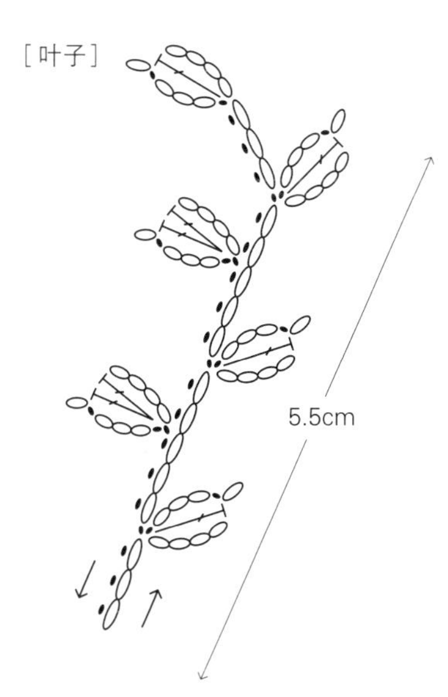

制作要点

[a、b 相同]

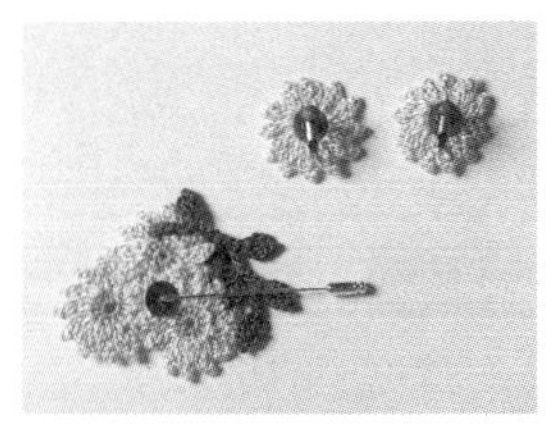

a. 在背面粘贴耳环金属配件。
b. 在背面粘贴胸针金属配件。

[b]

将叶子的钩织起点缝在花2的背面，将叶子的钩织终点缝在花3的背面

1
2
3

19

大花朵纽扣手链

PHOTO ... P.28

材料

[a]Cotton Cuore <Lame> 106(紫色)…2g、110(浅紫色)…2g、107(褐色)…2g

[b]Cotton Cuore <Lame> 109(米色)…4g、107(褐色)…2g

使用针

钩针 3/0号

配件

贝壳纽扣 20mm…1颗、水滴形玻璃珠M22(黄色)4mm…6颗

成品尺寸

花片 直径6cm，长18cm

钩织方法

1. [花]，钩织10针锁针引拔成环(起针)。
   在10针锁针形成的环中钩织18针短针，按图解继续钩织。钩织第3行的引拔针时，从第2行锁针的半针和里山两根线中挑针。
2. 钩织2朵花，重叠后在第1行的短针位置缝1圈。
3. [花茎]，按图解一边钩织叶子一边做往返钩织。
4. 在钩织结束时的线中穿入纽扣、3颗水滴形玻璃珠，将线穿过纽扣回到第1片叶子。再次从纽扣下方将线穿入，从上方拉出线后穿入3颗串珠，穿过纽扣回到第1片叶子，缝好。
5. 将第7片叶子缝在花的背面。

图解

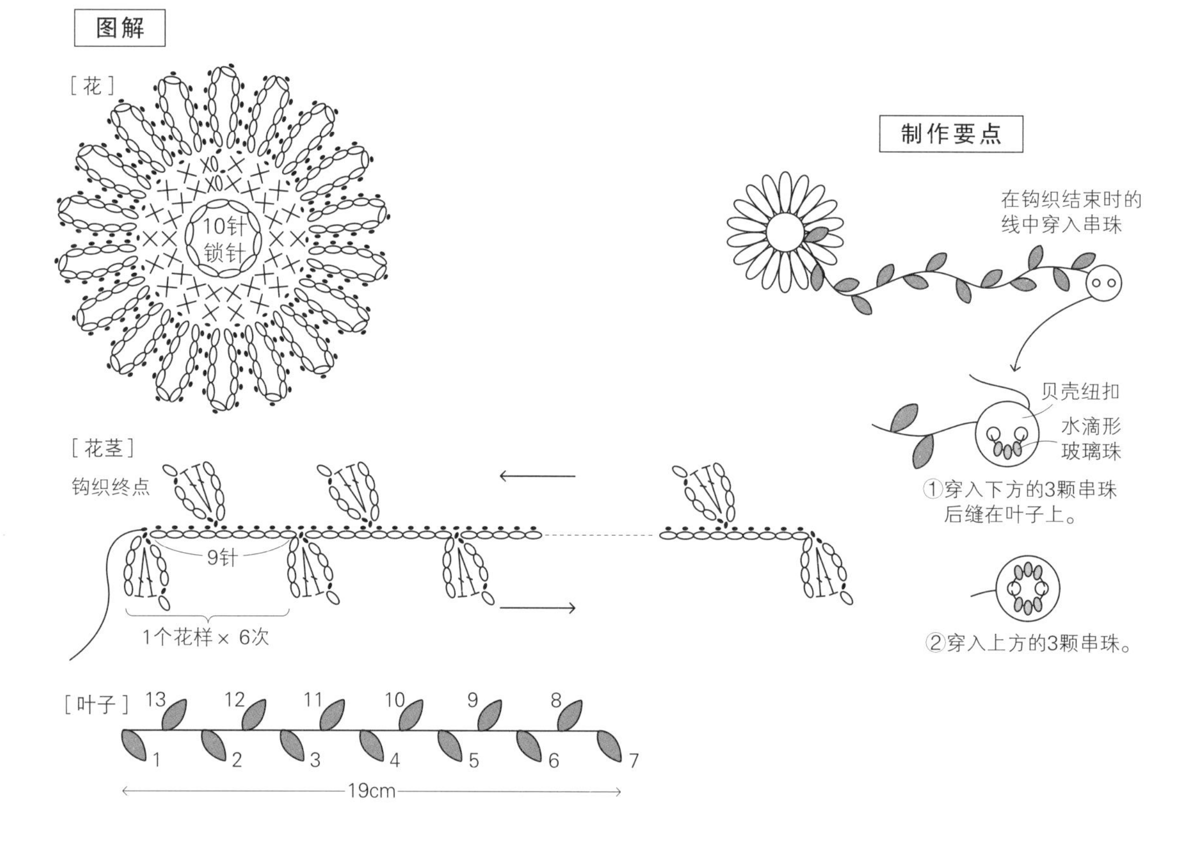

20

花边手链

PHOTO ... P.29

材料

[a]Emmy Grande 810(米色)…6g

[b]Emmy Grande 335(藏青色)…6g

使用针

蕾丝钩针 0号

配件

串珠a：串珠 大圆珠989(米色)…96颗、

串珠b：金彩串珠1703(绿色系)…54颗、

小圆环 4mm…2个、OT扣…1对

成品尺寸

6cm × 15cm

钩织方法

1. 从①开始钩织。钩织5针锁针起针，按图解钩织短针。第2行开始钩织短针的菱形针。5行钩织完后，钩织6针锁针，按①的钩织方法钩织花片。花片1～8连起来钩织。
2. 钩织②时，按照从钩织终点往前排列的顺序预先在线中穿入串珠。从①顶部的菱形针的反面插入蕾丝钩针，钩织5针长针的枣形针，按图解一边钩入串珠一边继续钩织。→参照P.47“钩织技巧”。
3. 用小圆环装上OT扣。

图解

2　1

①

接着钩织第3个

钩织起点

继续钩织

在1针锁针中钩入3颗串珠（串珠a）

在1针锁针中钩入3颗串珠（串珠b）

在短针中钩入1颗串珠（串珠a）

在短针中钩入1颗串珠（串珠b）

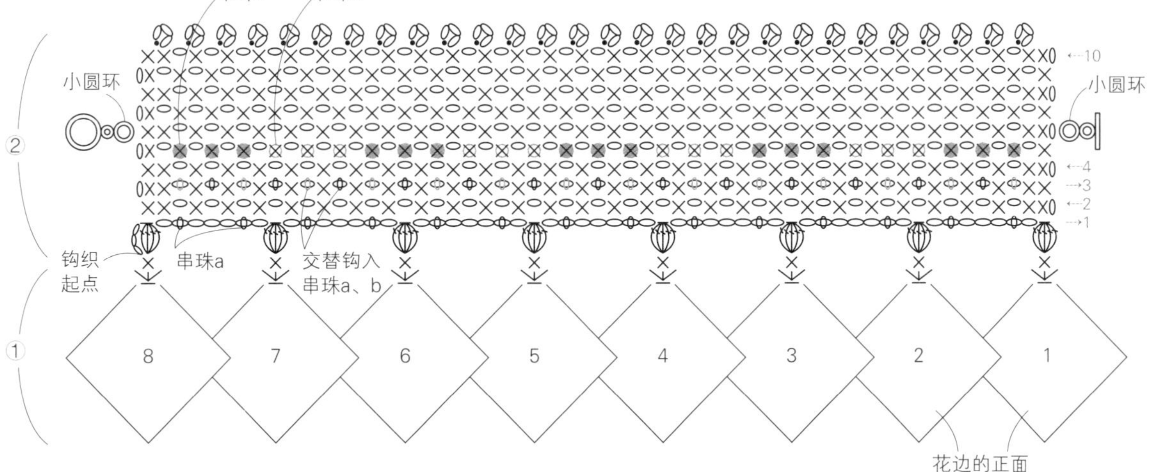

21

花环挂件

PHOTO ... P.31

[a 玫瑰]

材料

Emmy Grande <Bijou> L740(米色)… 1g

金票40号蕾丝线19B(段染)… 1g、121(粉红色)… 2g、192(红色)… 1g、257(绿色)… 1g

使用针

蕾丝钩针 0号、6号

配件

直径2.5cm的金属圆环… 1个、孖圈… 1个、链子… 75cm

成品尺寸

3.5cm×3.5cm(圆环直径3cm)

钩织方法

1. 用Emmy Grande <Bijou>线在金属圆环中钩织44针短针。
2. 用蕾丝钩针6号钩织各个花片。
3. 叶子a、叶子b缝在圆环上。叶子c 先绕在圆环上，再缝在上面。将玫瑰a、玫瑰b 缝在叶子上面。
4. 装上孖圈。

图解

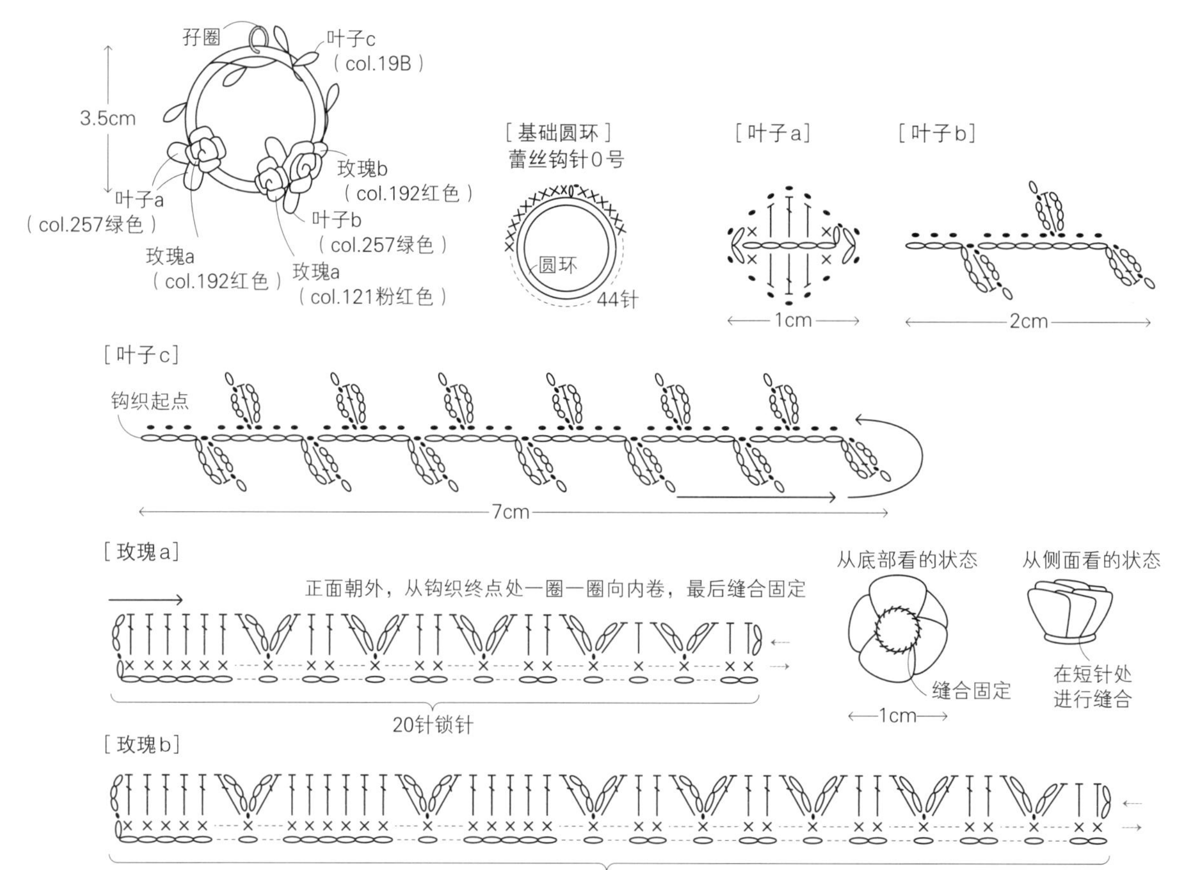

[b 含羞草]

材料

Emmy Grande <Bijou> L740(米色)…1g

金票40号蕾丝线 520(乳黄色)…1g、521(黄色)…1g、228(黄绿色)…1g

使用针

蕾丝钩针 0号、6号

配件

孖圈…1个、直径2.5cm的金属圆环…1个

成品尺寸

3.5cm×3.5cm(圆环直径3cm)

钩织方法

1. 用Emmy Grande <Bijou>线在圆环中钩织44针短针。
2. 果实部分，环形起针后钩入6针短针，按图解继续钩织。将15cm左右同色线塞进果实里，挑取最后一行的针目后拉紧。
3. 按图解钩织叶子。
4. 将叶子缝在圆环上，再在上面缝上果实。
5. 装上孖圈。

图解

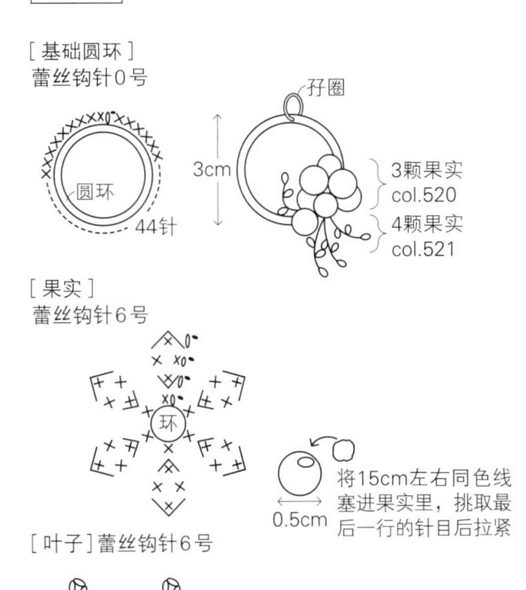

[c 花束]

材料

Emmy Grande <Bijou> L740(米色)…1g

金票40号蕾丝线 361(淡蓝色)…1g、672(紫色)…1g、810(米色)…1g、731(白色)…1g、521(黄色)…1g、228(黄绿色)…1g

使用针

蕾丝钩针 0号、6号

配件

孖圈…1个、直径2.5cm的金属圆环…1个

成品尺寸

3.5cm×4cm(圆环直径3cm)

钩织方法

1. 用Emmy Grande <Bijou>线在圆环中钩织44针短针。
2. 按图解钩织花a、花b、花c。
3. 如图所示，将花a、花b、花c 缝在圆环上。

图解

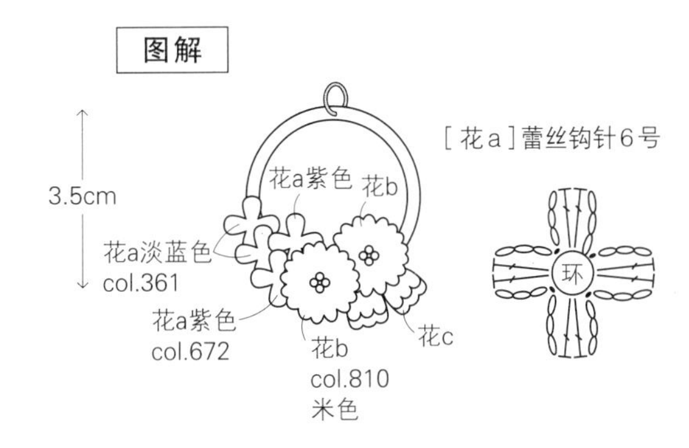

[花b] 蕾丝钩针6号

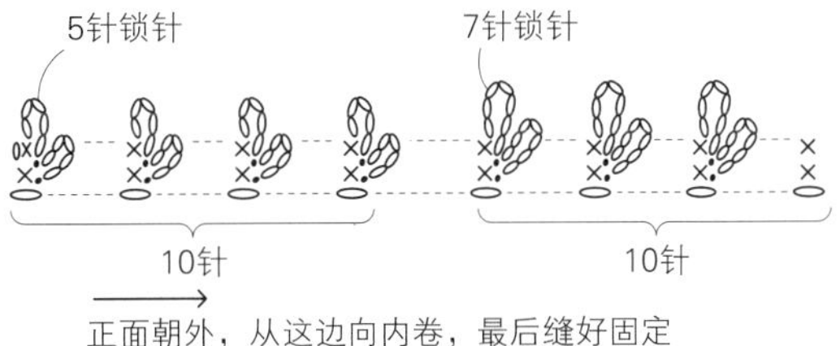

[花c] 蕾丝钩针6号

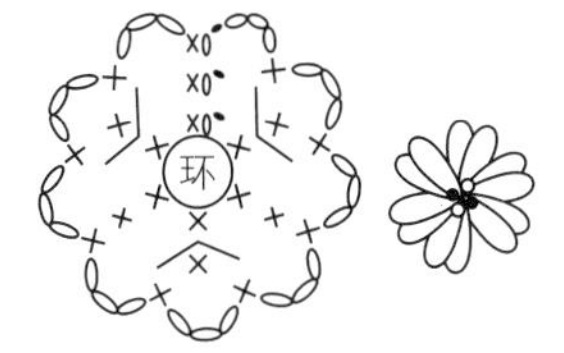

• 用金票col.228线
∘ 用金票col.521线
分别做绕3圈的法式结粒绣

22

蝴蝶结领结

PHOTO … P.32

材料

Emmy Grande

配色	a	b	c
第1行…1g	238（深绿色）	261（薄荷绿色）	801（白色）
第2行…2g	355（蓝色）	243（浅绿色）	731（米色）
第3行…2g	676（紫色）	541（柠檬黄色）	700（朱红色）
边缘编织…2g 中间的带子	901（黑色）	521（黄色）	390（烟熏蓝色）

使用针

蕾丝钩针 0号

配件

天鹅绒丝带…12mm、龙虾扣和调节链…1对、丝带扣 宽1cm…2个、直径4mm的小圆环…2个

成品尺寸

4.5cm×8.5cm

钩织方法

1. 主体部分环形起针，每行换色钩织。钩织到第3行（4片）。
2. 将2片花片的一边对齐进行卷针缝。
3. 将拼接好的2组花片背面相对重叠，一边拼接一边钩织边缘。
4. 钩织中间的带子。钩织18针锁针起针，从里山挑针，按图解钩织。
5. 在主体中间绕上钩好的带子，将带子的两端用卷针缝缝合。
6. 用丝带扣扣住丝带两端，然后用小圆环装上龙虾扣和调节链。
7. 将丝带穿过中间的带子。

图解

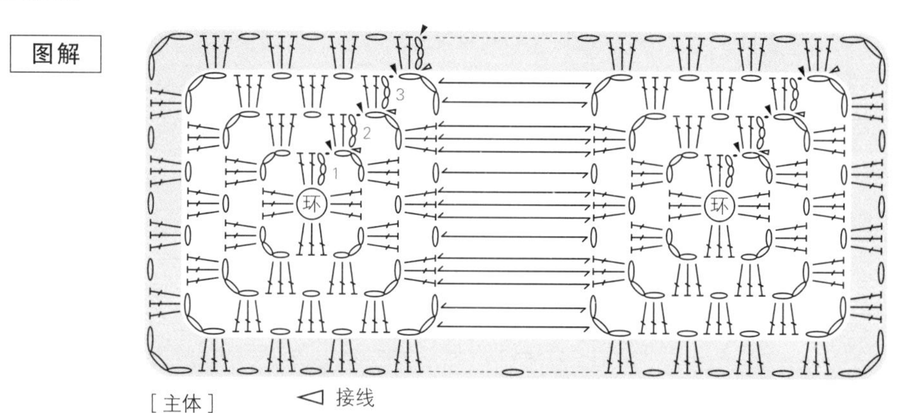

［主体］

◁ 接线

◀ 断线

［中间的带子］

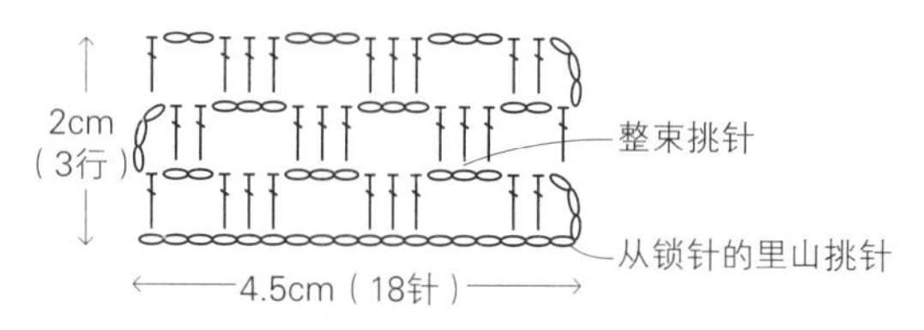

制作要点

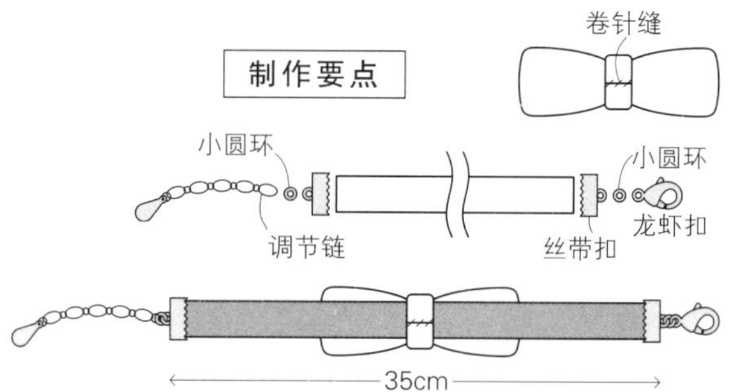

23

蕾丝蝴蝶结

PHOTO … P.33

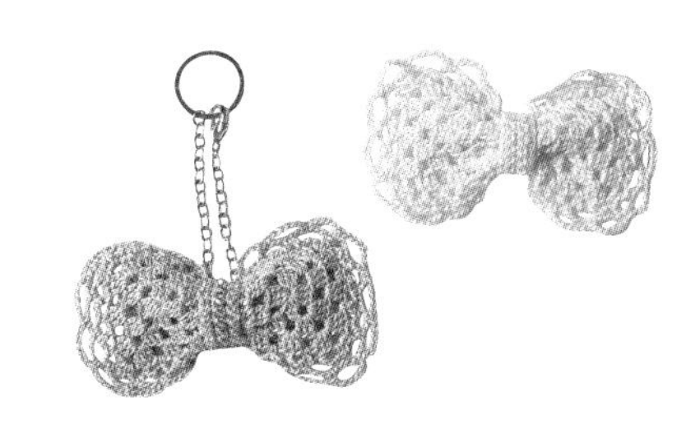

材料

[a]Emmy Grande 810(米色)…6g

[b]Emmy Grande 804(白色)…6g

使用针

蕾丝钩针 0 号

配件

捷克火磨抛光珠(深棕色 A、B)3mm…15 颗

中号圆珠 PF21(透明色)…30 颗

手提包挂链…1 根

成品尺寸

7cm × 11cm

钩织方法

1. 主体部分环形起针，按图解钩织到第3行（4片）。
2. 将2片花片的一边对齐进行卷针缝。
3. 拼接好的花片背面相对重叠，一边拼接一边钩织边缘。
4. 钩织a“中间的带子a”时，提前在线中穿入串珠。钩织15针锁针起针，从里山挑针，按图解钩织。
5. 在主体中间绕上钩织好的带子，将带子的两端用卷针缝缝合。
6. 将手提包挂链穿过带子。
7. 钩织b“中间的带子b”。钩织15针锁针起针，从里山挑针，按图解钩织。
8. 在主体中间绕上钩织好的带子，将带子的两端用卷针缝缝合。

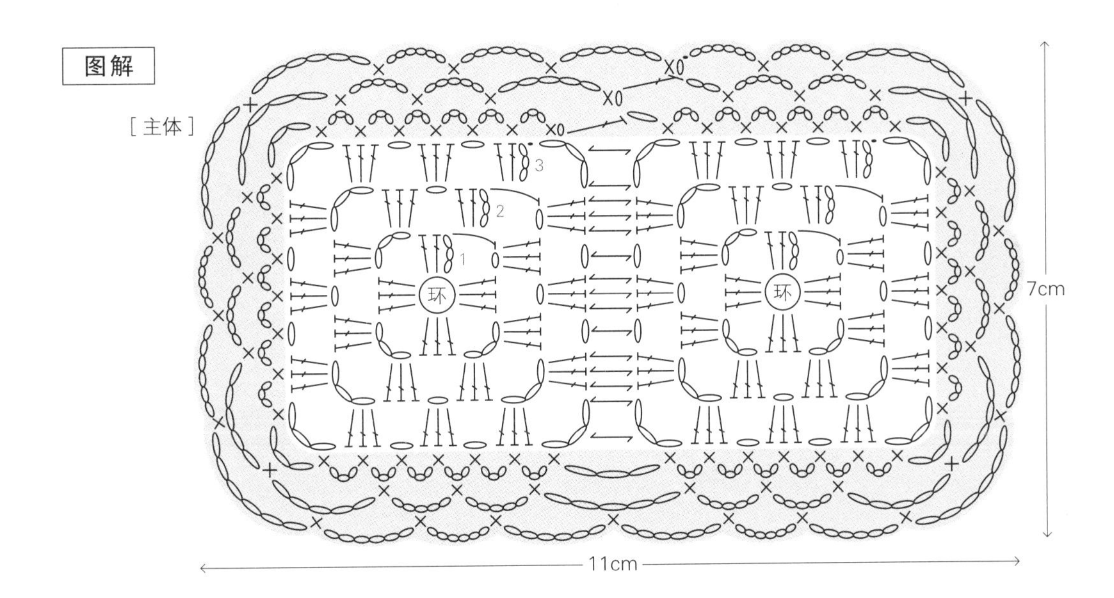

[中间的带子 a 钩入串珠]

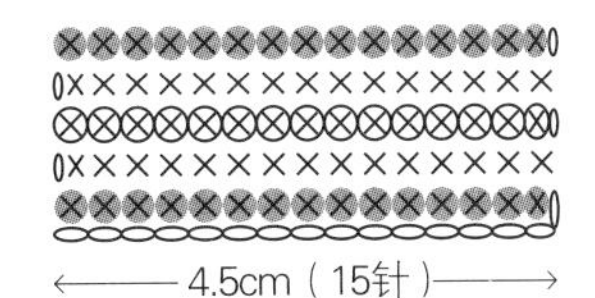

⊗ = 钩织短针时钩入捷克火磨抛光珠

● = 钩织短针时钩入中号圆珠

※串珠凸出的一面作为正面。

[中间的带子 b]

1.5cm（5行）

4.5cm（15针）

从里山挑针

24

双层蕾丝发圈

PHOTO ... P.34

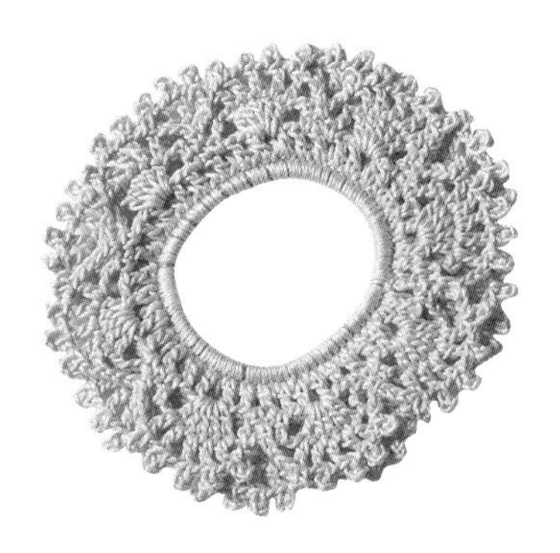

材料

[a]Emmy Grande <HOUSE>H4(米色)… 12g

[b]Emmy Grande <HOUSE> H16(粉红色)… 12g

[c]Emmy Grande <HOUSE> H2(象牙色)… 12g

使用针

钩针 3/0 号

配件

直径5.5cm的橡皮圈… 1个

成品尺寸

直径12cm

钩织方法

1. 在橡皮圈内钩织短针。一边把橡皮圈包在里面一边钩织80针短针，然后按图解继续钩织。
2. 钩织完4行后断线(第①层蕾丝)。
3. 如图所示，在指定"钩织起点位置"开始钩织第②层蕾丝。钩织第②层蕾丝的长针时，从①的第1行短针里挑针，按图解钩织。

图解

◁ 接线

◀ 断线

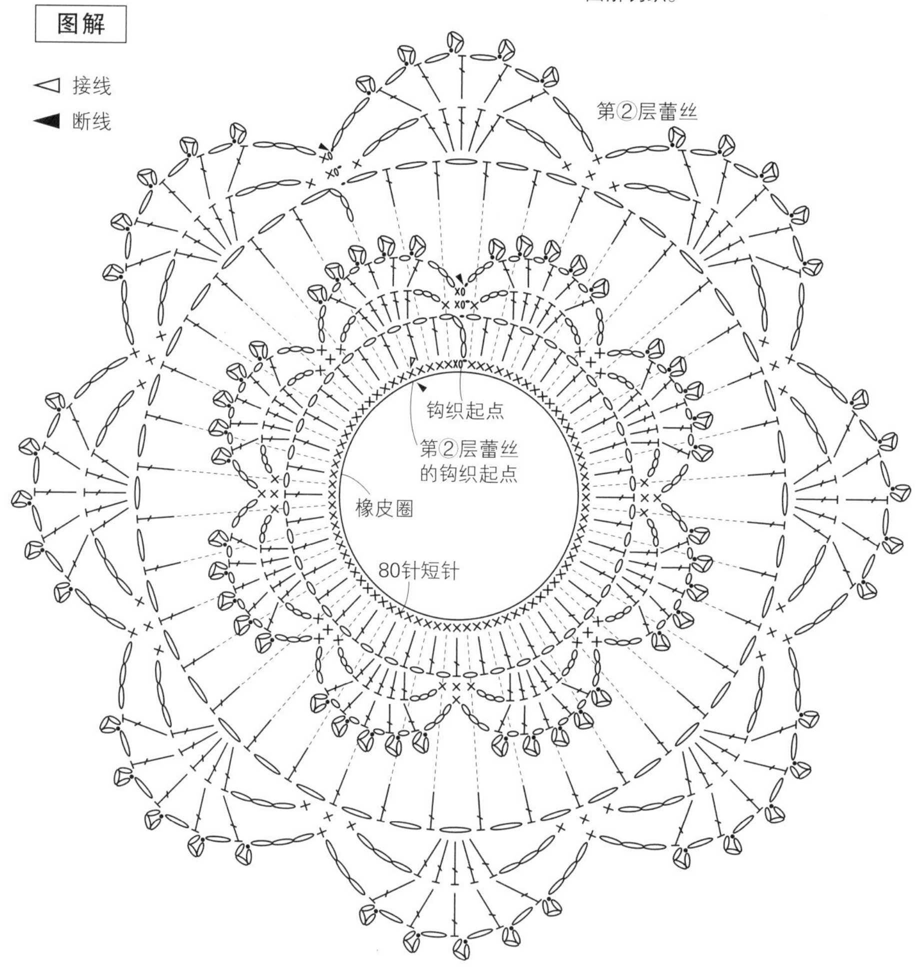

25

狗牙针花边挂件

PHOTO … P.35

材料

[a]Emmy Grande <Bijou> L805(白色)…6g

[b]Emmy Grande <Bijou> L201(灰蓝色)…6g

[c]Emmy Grande <Bijou> L740(米色)…6g

使用针

蕾丝钩针 0 号

配件

金属挂件圆环…1个

手机链…1个

成品尺寸

13cm × 3cm

钩织方法

1. 由2针长针组成的1针枣形针和3针锁针作为1行，钩织30行。然后按图解钩织贝壳花样。
2. 将钩织的花边背面相对对折，中间夹住金属圆环后进行缝合。装上手机链。

图解

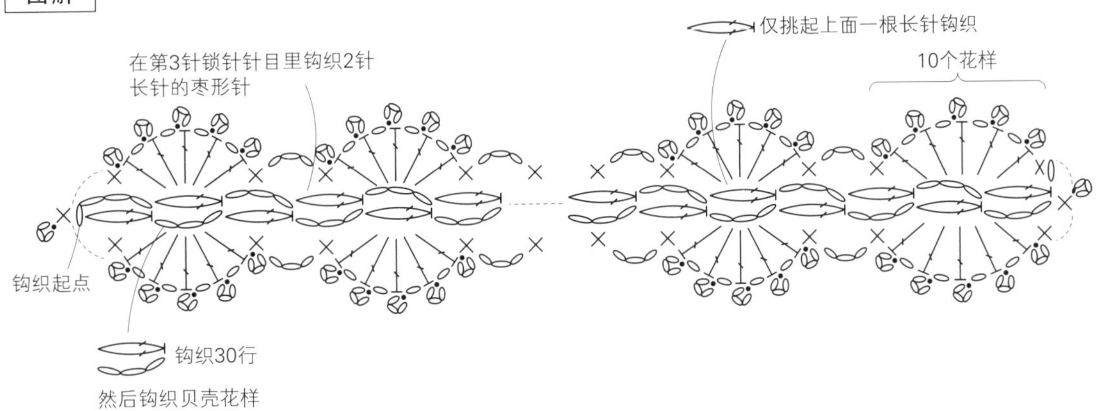

制作要点

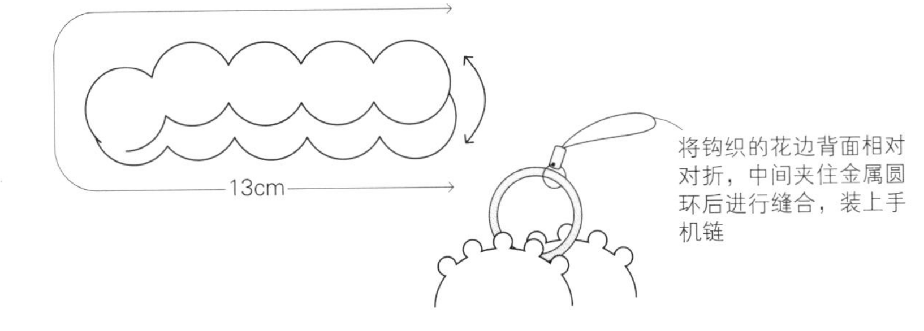

26

枣形针收纳袋

PHOTO ... P.35

材料

[a]Emmy Grande <Herbs>

a色：252(薄荷色)…7g、b色：800(白色)…2g

[b]Emmy Grande <Herbs>

a色：560(蛋黄色)…7g、b色：800(白色)…2g

使用针

蕾丝钩针 0号

成品尺寸

10cm×6cm

钩织方法

1. 钩织10针锁针起针，按图解钩织枣形针+2针锁针。每隔1行换色钩织，网眼针用a色钩织。
2. 用a色钩织绳子，如图所示穿过主体指定位置。

图解

[主体]

a色：起针，1、3、5、7行，网眼针，绳子
b色：2、4、6、8行

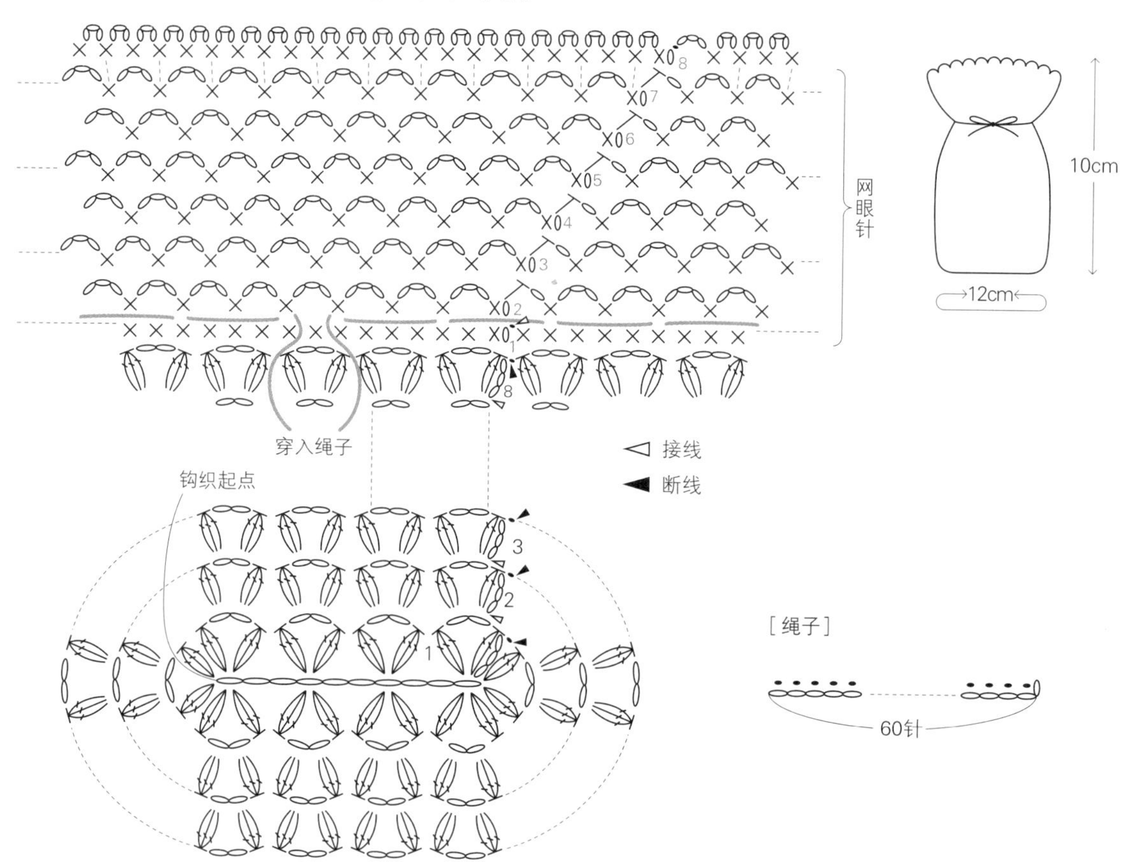

27

圆形花片装饰领

PHOTO ... P.36

材料

Emmy Grande <HOUSE> H19（藏青色）…35g

使用针

钩针 3/0 号

配件

丝带 6mm×85cm

成品尺寸

领围 53cm×7cm

钩织方法

1. 环形起针，钩入12针短针，继续按图解钩织。
2. 从第2片花片开始，在第4行与前一片花片连接。钩织10片花片。
3. 用同样的线按图解钩织边缘。
4. 如图所示，在花片1的指定位置缝上丝带，在花片10上也对称地缝上丝带。

图解

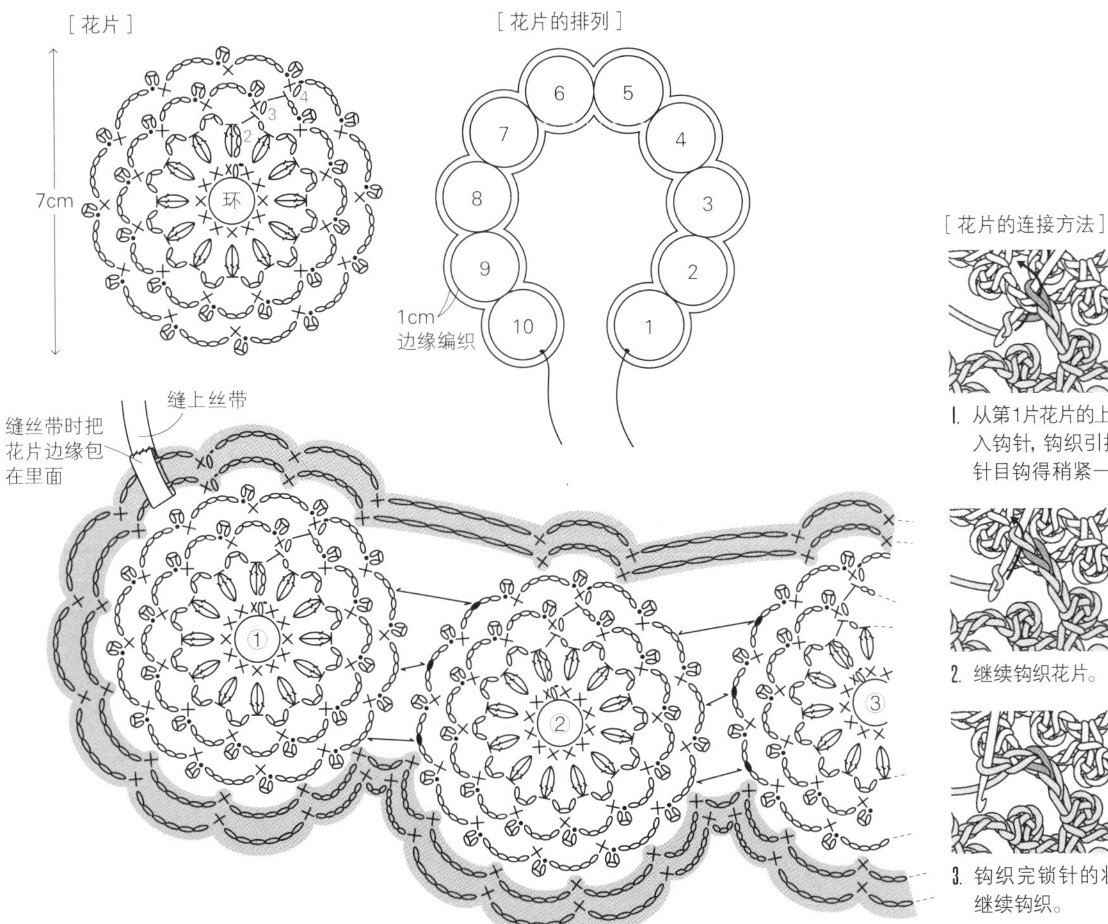

[花片的连接方法]

1. 从第1片花片的上面插入钩针，钩织引拔针，针目钩得稍紧一点。

2. 继续钩织花片。

3. 钩织完锁针的状态。继续钩织。

28

牛仔裤蕾丝拼贴

PHOTO ... P.37

材料

Emmy Grande 804(白色)…6g

使用针

蕾丝钩针0号

配件

牛仔裤、缝线

成品尺寸

[花边a]14cm×2cm [圆形花片a]直径0.7cm

[圆形花片b]直径1.4cm [圆形花片c]直径2cm

[圆形花片d]直径2.5cm

钩织方法

1. 所有花片环形起针，按图解钩织。完成后用缝线缝在牛仔裤上。
2. 钩织花边，缝在口袋边缘。

图解

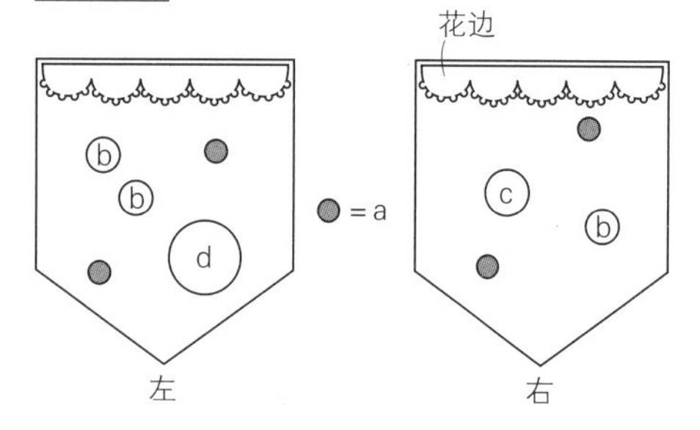

[圆形花片a]4片

环

0.7cm

[圆形花片b]3片

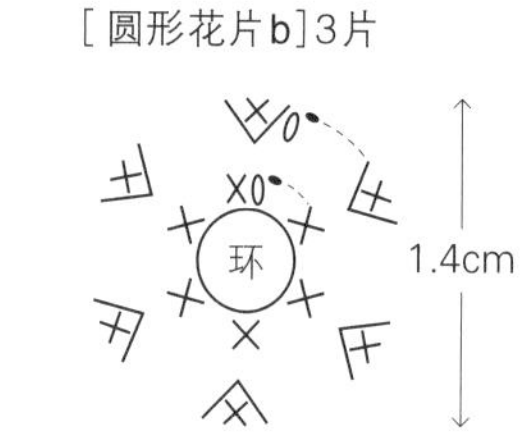

[圆形花片c]1片

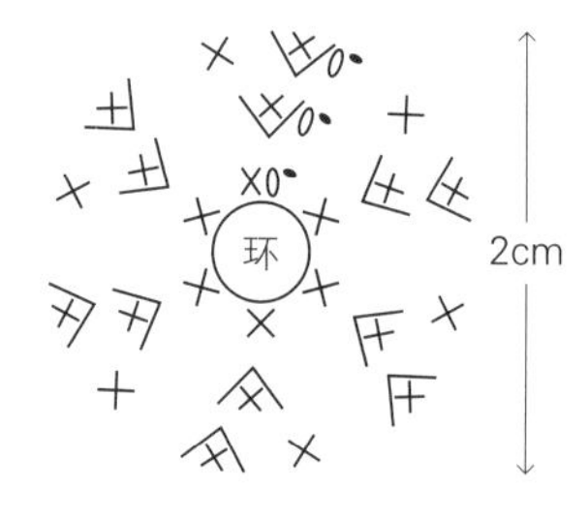

[圆形花片d]1片

环

2.5cm

[花边]
2片

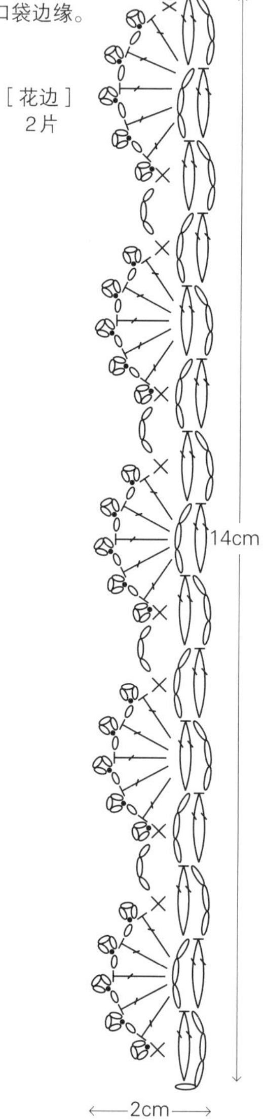

29

玫瑰花勋章

PHOTO … P.38

材料

[a]Emmy Grande <HOUSE>

a色：H3（米色）…2g　b色：H19（藏青色）…1g

c色：H8（黄色）…1g　d色：H9（橙色）…4g

[b]Emmy Grande <HOUSE>

a色：H1（白色）…2g　b色：H17（红色）…1g

c色：H19（藏青色）…1g　d色：H14（蓝色）…4g

使用针

钩针 3/0号

配件

金属圆盘胸针、丝带

成品尺寸

直径7cm

钩织方法

1. 用a色线环形起针，钩入16针长针（包括3针锁针的立针）。
2. 按图解换色钩织。→参照P.48“钩织技巧”。
3. 用黏合剂将丝带粘贴在背面，再在上面用黏合剂粘贴上金属圆盘胸针。

图解

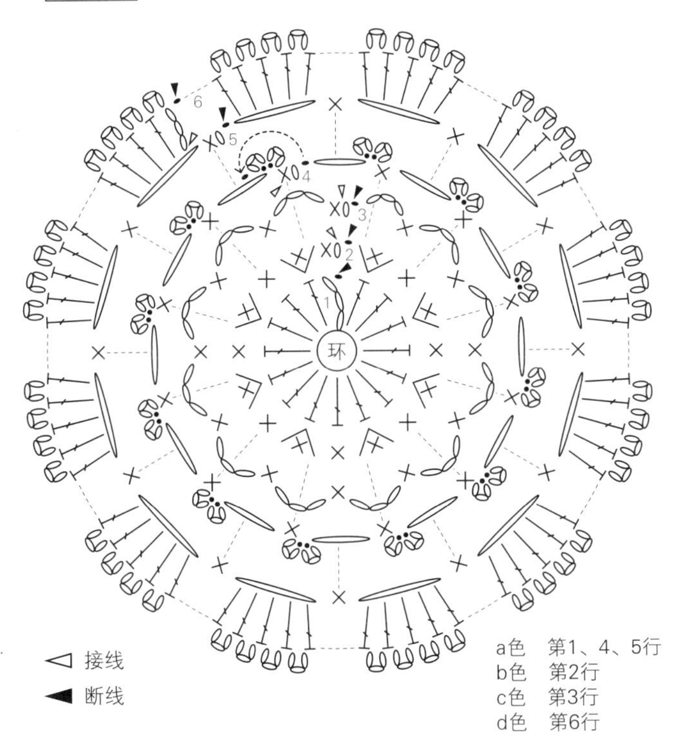

制作要点

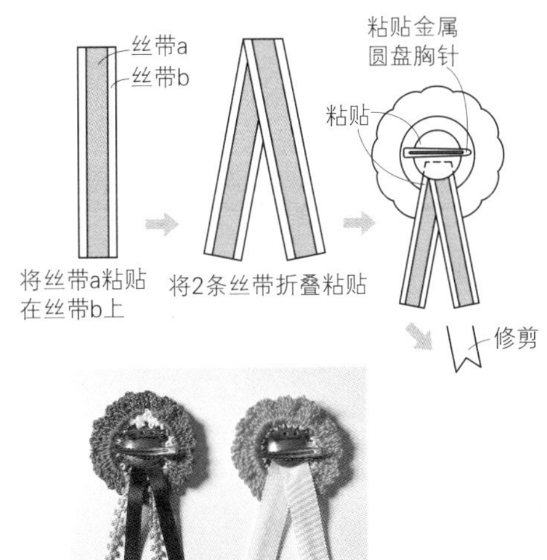

将金属圆盘胸针粘贴在背面

小野优子（ucono）

2003年获得日本织物文化协会认定的手编指导员资格后，2006年开设主页“ucono”并开始创作活动。现在以向手工艺杂志和手工艺厂商提供设计为主，还负责策划作品的展览、销售和面向初学者的工作室等。
http://ucono-amimono.com
摄影：Shinobu Shimomura

备案号：豫著许可备字-2015-A-00000345

图书在版编目（CIP）数据

从零开始玩钩织 29款炫彩蕾丝小物/（日）小野优子著；蒋幼幼译．—郑州：河南科学技术出版社，2017.1
ISBN 978-7-5349-8232-3

Ⅰ.①从… Ⅱ.①小… ②蒋… Ⅲ.①钩针－编织－图集 Ⅳ.①TS935.521-64

中国版本图书馆CIP数据核字（2016）第151390号

出版发行：河南科学技术出版社
地址：郑州市经五路66号　　邮编：450002
电话：(0371) 65737028　65788613
网址：www.hnstp.cn
策划编辑：刘　欣
责任编辑：刘　瑞
责任校对：耿宝文
封面设计：张　伟
责任印制：张艳芳
印　　刷：北京盛通印刷股份有限公司
经　　销：全国新华书店
幅面尺寸：190 mm × 240 mm　　印张：5　　字数：120千字
版　　次：2017年1月第1版　　2017年1月第1次印刷
定　　价：39.00元